我的孩子 6 岁了

蔡万刚 ◎ 编著

中国纺织出版社有限公司

内容提要

6岁的孩子，正处于从幼儿园阶段到小学阶段的转换时期，除了身心正快速发展外，孩子也需要适应进入小学阶段的生活，因此，本阶段孩子就更需要父母的陪伴、照顾和帮助。

本书以儿童心理学为基础，结合6岁的孩子在成长中的各种表现，给父母教育6岁孩子提供各种参考意见。还针对6岁特定的年龄段，孩子表现出来的行为举止，列举了很多典型的表现，帮助父母拓宽思路，为父母更好地抚育孩子奠定心理学的基础。

图书在版编目（CIP）数据

我的孩子6岁了/蔡万刚编著. --北京：中国纺织出版社有限公司，2021.3
ISBN 978-7-5180-7909-4

Ⅰ. ①我… Ⅱ. ①蔡… Ⅲ. ①儿童心理学②儿童教育—家庭教育 Ⅳ. ①B844.1②G782

中国版本图书馆CIP数据核字（2020）第179937号

责任编辑：张 羽　　责任校对：高 涵　　责任印制：储志伟

中国纺织出版社有限公司出版发行
地址：北京市朝阳区百子湾东里A407号楼　邮政编码：100124
销售电话：010—67004422　传真：010—87155801
http://www.c-textilep.com
中国纺织出版社天猫旗舰店
官方微博http://weibo.com/2119887771
三河市宏盛印务有限公司印刷　各地新华书店经销
2021年3月第1版第1次印刷
开本：880×1230　1/32　印张：7
字数：115千字　定价：29.80元

凡购本书，如有缺页、倒页、脱页，由本社图书营销中心调换

前言

每个人在升级成为父母之后,都希望自己能够成为合格甚至优秀的父母,这是作为父母最大的心愿。尤其是作为妈妈,经历了十月怀胎的辛苦,每天与孩子心心相连,所以与孩子的感情更深。很多父母都希望自己能够成为世界上最好的父母,然而等到孩子出生之后,他们会发现这只是一个遥不可及的梦想,只是一个非常美好的期望而已,要想真正地做到,简直难于登天。

新生命呱呱坠地,成长到6岁,进入小学阶段,在此期间,每一个父母都经历了喜怒哀乐。看着孩子从稚嫩的新生命茁壮地成长起来;看着孩子在家里一天天地长大,直到进入幼儿园和小朋友在一起生活和学习,有的时候还会和小朋友吵架打闹;看着孩子趁着父母不注意,拿起剪刀把自己头上的头发剪得长一块短一块;看着孩子从学校回来,裤子里拉了很多便便……父母的心每天都如同坐着过山车一样,既感到高兴,也会感到抓狂,就这样在狂喜狂悲中度过。

虽然父母是孩子在这个世界上最亲近的人,也是孩子的照顾者,但是并不是每一个父母都很了解和懂得孩子。正是因

为对孩子的误解，父母在教养孩子的过程中才会犯下各种各样的错误，例如，在发现孩子被他人欺负的时候，很多父母都会告诉孩子，别人打你，你就要打回去，结果孩子从此成为了打遍幼儿园无敌手的小霸王；也有的父母会一味地教孩子要懂礼貌，但是看着孩子被其他小朋友欺负，又非常心疼。正是因为非常在乎和深爱孩子，所以对于孩子的一举一动，以及和孩子有关的每件事情，父母都有着拿不起、放不下的缠绵与纠结。

在此过程中，还有很多长辈不管父母是否愿意，就给父母传授教育的经验。实际上教育是一门科学，而不能仅凭着经验去实施。尽管那些长辈也把自己的孩子养育得很好，但是他们的孩子更多地是在无意识的状态下独自成长起来的，尤其是对于老一辈的人来说，他们根本没有那么多的时间和精力去照顾孩子，对于孩子的教育往往采取放养的态度，和现代社会年轻父母的育儿观念有很大的差异。现在的年轻父母即使工作再忙，也会非常关注孩子。他们愿意为孩子提供最好的条件，也想方设法地走入孩子的内心，理解孩子的情绪，关注孩子的心理状态。当然，要想把教育做好，要想从事好家庭教育这一毕生的伟大事业，父母就要非常了解孩子。所谓知己知彼，百战不殆，如果父母根本不了解孩子的身心发展特点，也不知道孩子在不同的年龄阶段会有怎样的表现，那么在教养孩子的过程中，难免会有手足无措的时候，也无法保证教育的效果。

孩子从出生到成年，中间经历了好几个成长的重要阶段。

前言

6岁，对于孩子来说是至关重要的一年，这不仅仅是因为孩子在6岁会进入小学，开始系统的学习，也是因为6岁的孩子是非常特殊的。他们在6岁的时候想要摆脱对父母的依赖，想要更加独立，所以他们一方面想离开父母远远的，另一方面又依然需要父母的照顾，在这样的犹豫和矛盾的状态中，他们身上呈现出了两个极端。在这样的极端之中，不仅孩子会感到很矛盾，父母也会觉得非常为难。

6岁的孩子走出幼儿园，即将步入小学，不再接受老师和父母无微不至的照顾。他们像一个蹒跚学步的孩子步入了社会之中，开始与同学和老师正式相处，所以如何陪伴6岁的孩子，对于孩子整个小学阶段，甚至孩子整个人生，都具有非同寻常的意义。每一个做父母的都要更加了解6岁的孩子，也要全心投入地陪伴在6岁孩子的身边，这样才能让孩子度过绽放的6岁！

编著者

2020年11月

目录

第01章　6岁的小小矛盾体——你做好与他相处的准备了吗 //001

　　6岁的小小矛盾体　//002

　　6岁半到7岁的绽放　//004

　　聪明爆棚的孩子　//006

　　洗澡和穿衣，都是麻烦事　//008

　　孩子为何不想打防疫针　//013

第02章　6岁孩子的管教技巧——有效管教孩子的五个方法 //017

　　多多夸奖孩子　//018

　　给孩子更多机会去尝试　//022

　　适度和孩子讲一讲条件　//024

　　冷静处理孩子的情绪　//027

　　避开亲子相处的雷区　//029

第03章　6岁孩子的性启蒙期——关注孩子的性心理发展情况 //033

　　孩子之间的亲昵举动　//034

　　孩子为何喜欢做生宝宝的游戏　//036

女孩子喜欢照顾宝宝　// 040

正确应对孩子探索身体　// 043

第04章　6岁孩子的心智能力——什么都想自己亲手试一试　// 049

看着孩子笨手笨脚做事情　// 050

不要过度保护孩子　// 053

培养孩子自己的事情自己干　// 057

不要过于限制孩子　// 060

让孩子独立解决困难　// 064

第05章　6岁孩子的人际交往——你的支持是最好的鼓励　// 069

积极参加班级活动，快速融入集体　// 070

教会孩子控制情绪　// 077

称赞孩子懂得分享　// 082

不说脏话，文明礼貌　// 088

尊重同学，不起绰号　// 092

第06章　6岁孩子的校园生活——初入小学，多给他点适应时间　// 097

帮助孩子适应小学生活　// 098

和孩子一起探索学习的奥秘　// 103

让孩子知道学习的意义　// 109

激发孩子好奇心，让孩子多多动手　// 113

协助孩子制订学习计划 //118

第07章　6岁孩子的活跃内心——帮助孩子保持心理健康很重要 //125

避免孩子狂妄自大 //126

小心孩子自闭 //131

如何教育爱闹脾气的孩子 //136

如何指导爱动的孩子 //141

引导孩子不要盲目冒险 //145

第08章　6岁孩子的自控能力——他已经可以管理好自己 //151

不要苛求孩子 //152

尽量不要命令孩子 //156

根据孩子的能力制订规矩 //160

纠正孩子的行为偏差 //165

帮助孩子克制冲动 //168

延迟满足，增强孩子自控力 //173

第09章　6岁孩子的自我管理——品质是人生的基石 //177

让孩子承担犯错的后果 //178

教会孩子面对诱惑 //181

不要纵容孩子 //185

教会孩子坚持不懈 //187

引导孩子形成判断力和是非观　// 191

第10章　6岁孩子的棘手问题——这里或许可以帮到你　// 195

孩子是否会仇恨父母　// 196

如何对待输不起的孩子　// 199

孩子挑剔衣服怎么办　// 201

孩子随手乱放东西怎么办　// 205

孩子拉到身上怎么办　// 208

参考文献　// 213

第 01 章
6 岁的小小矛盾体——你做好与他相处的准备了吗

6岁的孩子很矛盾，一方面，他们想要独立，摆脱对父母的依赖，另一方面，他们又依然需要父母的照顾。正是因为处于这样的矛盾之中，他们成为了小小矛盾体，而且在很多方面都表现出两个极端。要想与6岁的孩子很好地相处，父母就要多多了解6岁的孩子，知道6岁的孩子心中的所思所想，也知道6岁的孩子需要从父母那里得到怎样的帮助和照顾。唯有如此，父母才能更好地与6岁的孩子相处。

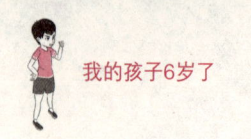

6岁的小小矛盾体

6岁的孩子是一个非常典型的矛盾体,在他们身上,两个极端集中到了一起。对于6岁的孩子来说,他们最大的苦恼是,他们既盼望着离开妈妈,早日走向独立,但是他们的能力有限,所以又不得不依赖妈妈。从心理学的角度来说,孩子在6岁的时候会真正地与此前密切相处的妈妈走向分离,所以也有人把6岁称为孩子的"心理断乳期"。

细心的妈妈会发现,孩子在5岁半到6岁之间,他们的各种行为都发生了非常明显的改变。如果说在此之前他们非常依赖妈妈,而且很喜欢黏着妈妈,那么在此之后他们更强烈地想要独立。但是对于6岁的孩子而言,他们的精力是非常旺盛的,所以他们表现出刁蛮强横的特点。心理学研究显示,孩子们在进入7岁的时候会突然变得沉寂起来,所以在6岁到7岁之间,孩子们会经历人生中最为绚烂的时期。在这个时期里,家长应该更多地与孩子相处,因为孩子的心扉对父母是完全敞开的。

作为普通父母,很难理解孩子的内心矛盾和极端到什么程度,只要举个例子来说明父母就会感受到。当孩子在两个事物或者两项活动之间做选择的时候,即使是他内心更加倾向于其

第01章
6岁的小小矛盾体——你做好与他相处的准备了吗

中的某一个事物,他们也会故意产生完全相反的心思,也就是说,他会故意违背自己的内心做出相反的选择。这是6岁孩子的内心非常矛盾,而且非常极端的表现之一。

在和孩子相处的过程中,父母会发现孩子很难做出选择,和小时候他们总是能够在诸多的选项中单独做出选择不同,现在他们面对选择表现得非常犹豫、纠结。这是因为随着年龄的增长,他的心态和小时候的心态已经有了截然不同的改变。

6岁的孩子更加成熟,更加独立,更加勇敢,他们更加愿意冒险。但是6岁对他们来说并不是一段容易度过的日子。别说父母对他们感到很陌生,他们也常常为自己的变化感到惊奇。实际上,和5岁的孩子相比,6岁的孩子不仅仅是增长了一岁而已,他们的身心发展都完全不同了。他们正处于快速的变化之中,常常对自己感到陌生。

6岁的孩子非常渴望得到父母的理解,这是因为他本身很纠结,很矛盾,不知道应该如何做出选择。如果父母能够在这种情况下给予他们一定的推动力,慢慢地,他们就会变得更加积极主动。

偶尔会有6岁的孩子对父母发出感慨:当一个6岁的孩子真难啊!不理解孩子的父母,听到这句话一定会觉得孩子发出这种感慨非常可笑。而实际上,只要了解孩子的心理发展规律,父母就会意识到孩子真的处于一个飞速的变化时期,而且对于自己的改变,他们也需要时间慢慢去接受和适应。尤其是当心

态不同的时候，他们面对这个世界的态度也会变得不同，所以他们更需要父母的理解和尊重。

6岁半到7岁的绽放

看到前面关于6岁孩子的描述，我们也许会产生一个误解，觉得六岁的孩子有点让人讨厌，我们仿佛并不太喜欢6岁的孩子，其实并不是如此。因为凡事都有两面性，在6岁孩子表现出各种明显的性格转变和心理变化的时候，他们其实还有非常乖巧可爱的一面。他们特别热情，喜欢帮助别人做一些事情，他们对父母的感受也更加关注，常常会逗父母开心。如果让你在不同年龄阶段的孩子之间做出选择，选择一个孩子陪伴你度过一个下午，那么你很有可能会选择6岁的孩子，这是因为6岁的孩子总是能够给你带来惊喜，他们哪怕前一刻还在哭鼻子，后一刻也会笑得比阳光更加灿烂；他们哪怕前一刻还在埋怨你，使你不知道如何与他们在一起相处，后一刻却又会紧紧地黏着你。从心理发展的角度来说，孩子在6岁半到7岁之间，会异常美丽地绽放。

如果说5岁的孩子安静克制，相比起来，6岁的孩子会更加热情奔放，他们甚至会有一些粗野。对于妈妈来说，6岁的孩子有时候就像一个烫手的山芋，让妈妈不知道如何应对他们。他们还常常会说粗话，对妈妈大吼大叫。但是妈妈只要耐心地陪伴孩子度过6岁，就会发现等孩子到了7岁的时候，又会变得安静内敛，性格沉稳内向。很多父母都会感到奇怪，难道孩子只是长了一岁就会有如此明显的变化吗？事实果真如此，和6岁孩子的精力旺盛和刁蛮强横相比，7岁的孩子安静而忧郁，性格内敛，非常听话懂事，所以父母要珍惜孩子在6岁这个阶段如鲜花般地绚烂绽放，要给予孩子更多的尊重和理解，要多多陪伴孩子。

如果对孩子的年龄特征进行归纳，大家就会发现5岁的孩

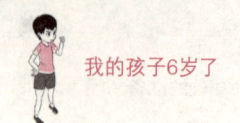

子非常可爱，他们情绪的起伏并不那么剧烈，反而非常平淡。7岁的孩子也许会安静而懂事，让父母很省心，但是有的时候父母常常因为孩子的过于省心感到纳闷。只有6岁的孩子就像一个烫手的山芋，让妈妈不知道如何应对，但是只要度过半年的时光，在6岁半到7岁之间，孩子像鲜花一般绚烂地绽放之后，会给父母带来很多意外的惊喜。

对年幼的孩子来说，每一个不同的年龄阶段都会有不同的心理特征表现。也正因为孩子的年纪比较小，正处于快速的发展变化之中，所以哪怕是一个小小的变化，都会让他们给人非常明显的感受。作为父母，应该陪伴孩子度过每一天的成长，这样才会对孩子点点滴滴的变化都了然于胸，也才会对孩子的成长有更深入的了解。

聪明爆棚的孩子

6岁的孩子脑袋特别聪明，他就像一个可爱的小精灵，对于很多未知的事物都能够勇敢地进行尝试，也怀着一颗强烈想要探索的心，想要在未知的事物中发现世界的奥秘、生命的秘密。6岁的孩子在进入小学一年级开始学习之后，会有很强的挑战性，他对于那些刚刚学会的知识感到非常骄傲，发现和意识到自己具有学习的能力，所以会把自己学到的一点一滴的知识都向父母炫耀。他们会为自己感到骄傲和自豪，他们对于自己点点滴滴的进步所产生的欣喜，不亚于哥伦布发现新大陆。在此过程中，父母切勿对孩子的每一点进步都不以为然，而是要发自内心地为孩子感到高兴，让孩子感受到父母的喜悦，这样孩子才会具有更加强劲的动力，努力向前发展。

孩子的聪明表现在很多方面，随着不断成长，他们变得非常幽默。很多父母都发现，孩子在这个阶段会说出一些让人感到愉快的话，这些话或许具有大人的意味，或许具有孩子的纯真，总而言之会给你带来惊喜。

这天晚上，甜甜洗完澡之后，妈妈让她抹香香。奶奶为甜甜挤出了很多香香放在手上，这是因为甜甜的手有一些皲裂了。没想到甜甜看到奶奶挤出了那么多的香香，夸张地说："哎呀，这可真是浪费钱呀，少挤一点，不是可以节省一些吗？"听到甜甜这句话，如同老人常说的一样，妈妈和奶奶都被逗得哈哈大笑起来。奶奶还说："甜甜，你这个小鬼头还挺会过日子的呢！"

甜甜看到妈妈和奶奶都被她逗乐了，自己也很开心，其实她在说出这句话之前，目的就是要逗妈妈和奶奶开心。她看到自己能把身边的人逗得哈哈大笑，觉得非常骄傲，也为自己感到自豪。

在这个阶段，孩子的聪明还表现在喜欢猜谜方面。除了

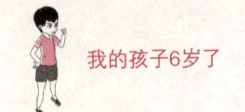

要猜谜语之外，他们还喜欢捉迷藏，这些都是与智力有关的游戏。例如，他们会从电视节目上学一个非常简单的魔术变给爸爸妈妈看。这个时候，爸爸妈妈千万不要表现出已经看穿了孩子心思的模样，而是要在看到孩子的表现之后，表现出非常惊奇。爸爸妈妈的表情和反应越是夸张，孩子就越是会感到满足。在与孩子进行这些智力游戏的过程中，孩子的智力发展水平会越来越高，孩子的心理发育也会越来越快。当然，作为父母，也可以开拓出一些有趣的游戏，和孩子一起玩儿，例如，猜字谜、猜灯谜、躲猫猫或寻宝游戏，这些对于促进孩子的智力发育，激发孩子的思维，都是非常有好处的。

6岁的孩子会给父母带来非常多惊奇的发现，父母可千万不要小瞧6岁孩子的能量，只有给予孩子更多的机会去表现，多多地创造条件，激发孩子的智力，孩子才能快快地成长。

洗澡和穿衣，都是麻烦事

虽然6岁的孩子还不能够自主做到饭前饭后洗手，但是他在得到父母的提醒之后还是可以去做的。相比起洗手，洗澡需要更多的时间，这样一来，孩子很有可能因为贪玩儿不愿意洗澡。当然，孩子并不是一直如此，也许有一段时间，孩子会很乐意洗澡，但是他却在一段时间之后又变得很讨厌洗澡，这又要怎么办呢？对于孩子这样突然的转变，有些妈妈只能做出让步，让孩子从每天洗澡变成每隔几天洗一次澡。如果天气冷还好，如果天气热的话，孩子的新陈代谢很快，身上就会产生异味。

在小时候，孩子洗澡需要爸爸妈妈帮忙，但是在6岁前后，他们其实可以相对独立地洗澡。需要注意的是，父母要为他们营造一个很健康的环境，避免出现危险。很多孩子都不愿意自己洗澡，他们只想像小时候一样，让爸爸妈妈帮助他们洗澡，也有的孩子在洗澡的时候只洗身体上的某些部位，当然还有极少数孩子非常要强，他们的独立性比较强，很想靠着自己把自己洗干净。但是对于6岁的孩子来说，他们的能力毕竟是有限的，哪怕孩子已经非常独立，而且各个方面的能力也得到了相应的发展，爸爸妈妈还是需要给予他们一定的辅助，比如倒洗澡水的时候，再比如孩子可能洗不到后背，这些情况下都需要爸爸妈妈的帮助。

让爸爸妈妈感到奇怪的是，虽然很多6岁的孩子都不愿意洗澡，但是一旦进入开始洗澡的流程，如淋浴或者是进到洗澡盆里，他们又会磨磨唧唧地拖延，想延长洗澡的时间，而不愿意尽快完成洗澡。在这种情况下，父母就面临双重困境，那就是洗澡之前要想办法把孩子"骗"到洗澡盆里，在洗澡之后，又要想办法让孩子快点儿出来。一则，因为洗澡时间太长，会让孩子受凉；二则，孩子不可能一直留在洗澡盆里玩。所以，父

母要想出各种办法来帮助孩子养成洗澡的好习惯。

如果说每天晚上洗澡还能相对愉快地解决,那么每天早上的穿衣服,在很多家庭里,都是一场战争。6岁孩子已经完全有能力独立穿衣服,但是他们偏偏不想自己穿衣服。他们一方面希望父母能够帮助他们穿衣服,另一方面又不希望接受父母的帮助,这就是前文所说的6岁孩子的矛盾状态。处于这样的两个极端之中,6岁孩子与父母之间常常发生争执,其实这个问题也是很好协调的。虽然6岁的孩子有能力自己穿衣服,但是他们也有权利撒娇,让父母帮他们穿衣服。所以父母可以与孩子做一

个约定，例如，每周一三五由父母为他们穿衣服，每周二四六由孩子自己穿衣服，每个周日则随机决定由谁来穿衣服。进行这样的缓冲之后，父母与孩子之间的关系就不会那么剑拔弩张，也就不会因为穿衣服这个问题而经常与孩子发生冲突。实际上在周末的时候，孩子如果很着急起床出去遛弯儿，或者是晒太阳，或者和小朋友一起玩，那么他们往往会非常迅速利索地穿好衣服。

在此过程中，父母可以陪伴在孩子的身边，给孩子一定的指导，在孩子需要的时候给孩子帮助。例如，有些衣服的拉链是在背后的，孩子不能够独立把拉链拉上，那么父母就可以帮助孩子拉好拉链。再如，有一些外套是紧身的，独自穿上会导致衣服皱皱巴巴的，那么父母可以帮助孩子把衣服整理平整。

很多男孩子都因为懒惰而不想穿衣服，相比之下，女孩子在穿衣服的时候之所以耽误时间，是因为她们又出现了选择困难的症状，不知道自己应该选择穿哪一件衣服。对于女孩子这样纠结的情况，妈妈要想帮助她们，就不要打开大衣橱让她们自己选择，而是要帮助她们缩小选择的范围。例如，衣橱里有20件衣服可以选，那么孩子选择起来就会更困难，妈妈可以从衣橱里挑出两件衣服，让孩子从这两件衣服之中选择一件。一开始孩子也许会反反复复犹豫不定，不知道自己到底应该穿哪件衣服，妈妈不要催促，因为在反复地斟酌和考虑直到最终做出决定的过程中，孩子的心理压力会得到减轻。随着做出决定

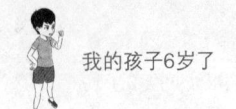

的次数越来越多，孩子就会更加顺利地选择自己到底要穿哪件衣服。

穿鞋子相比穿衣服的问题更加麻烦，不管是6岁的女孩还是6岁的男孩，都会面临穿鞋子的问题。女孩是不知道自己应该穿哪一双鞋子，而男孩常常在回到家里之后把鞋子脱完了，扔得乱七八糟，等他第二天想要穿的时候，却发现有一只鞋子怎么也找不着了。面对这样调皮捣蛋的男孩，妈妈总是急得抓狂，因为妈妈也不知道另外一只鞋子在哪里。对于6岁的女孩和男孩来说，他们都有一个共同点，那就是他们都想穿得好看，尤其是女孩子。但是在脱衣服的时候，他们却并不爱惜衣服，常常把衣服反着脱掉，或者拧巴得乱七八糟。这当然是一个坏习惯。要想让孩子把衣服整理整齐，摆放在相应的地方，父母必须帮助孩子渐渐养成好习惯。所以，妈妈要多多引导孩子穿和脱衣服，要整理好衣服，把衣服叠放整齐放在一边，这样第二天穿的时候才会更容易找到，也更方便地穿上。

在成长的过程中，很多习惯并不是天生的，而是需要父母慢慢引导，孩子才会渐渐形成的。不管是洗澡还是穿衣服，都属于卫生习惯。穿衣服还与美观有关。所以父母教会孩子独立穿脱衣服，也要给予孩子更多的机会，独立洗澡。孩子的能力需要培养，孩子的技能需要锻炼，如果需要，父母可以以身示范，培养孩子学会洗澡，也帮助孩子养成整理衣服的好习惯，这样孩子才能更加自立。

第01章
6岁的小小矛盾体——你做好与他相处的准备了吗

孩子为何不想打防疫针

  6周岁之后,防疫站打来电话说,甜甜有两针防疫针要打。因为甜甜前一天刚刚拔过牙齿,上了消炎药,所以,妈妈决定等到停了消炎药一周之后,再带甜甜去打防疫针。得知这个消息,甜甜感到非常难过,她很担心地问妈妈:"妈妈,打防疫针疼不疼?"妈妈说:"打防疫针就像你昨天化验血常规扎手指头一样,只轻轻地疼一下。"甜甜撇了撇嘴想哭,妈妈说:"很快就会结束呀,你数到十,就打完防疫针了。甚至呢,你的眼泪还没有流出来呢,打防疫针就结束了。"甜甜这才含着眼泪说:"那好吧,我还是可以忍受的。"

  星期一,爸爸妈妈带着哥哥去上学了,甜甜和奶奶留在家里。临出门前,妈妈对甜甜说:"等到下次我们再回来的时候,就会带着你去打防疫针。"在这一周还没结束的时候,有一次,妈妈临时有事回到奶奶家里,却没想到甜甜一看到妈妈就哭起来。妈妈莫名其妙问:"你怎么啦?是想我了吗?"甜甜撇着嘴说:"我可不想你。我不想让你回来,因为你说回来就要带我去打防疫针!"妈妈恍然大悟,忍不住笑起来说:"但是现在还没有到周末呀,妈妈说的是周末带你去打防疫针。现在只是周四而已,距离打防疫针还有好几天呢!"甜甜依然哭哭啼啼:"我不想打防疫针,我也不想看见你!"看到甜甜因为惧怕打防疫针都不想看见自己了,妈妈感到很无奈。

013

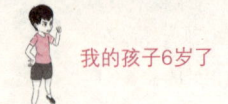

6岁的孩子非常害怕疼痛,他们不喜欢有异物接触或者进入身体。他们虽然精力旺盛,每天上蹿下跳,常常会把自己摔倒或者受伤,但是他们发自内心地惧怕疼痛。很多父母都会发现,孩子只要发现自己身上哪个地方蹭破了一点皮,或者流了一点点血,就会感到非常恐惧,甚至觉得自己的生命安全受到了威胁。哪怕手上扎了一根小小的刺,他们也不敢让父母给他们拔下来。很多孩子只要刮破了一点皮,就要求父母给他们贴创可贴,或者严密地包扎起来。面对孩子过于紧张的表现,父母再三和他们解释这一点点小伤只要消毒就可以,不需要包扎，他们却不依不饶。为此，很多父母都觉得孩子特别的胆小，为了一点点小伤，就哭天抢地，因而训斥孩子，其实这是误解了孩子。

从心理发展的角度来说，6岁的孩子很排斥有任何异物进入他们的身体，或者接触他们的皮肤。如果你的孩子曾经有过鼻子不通气的情况，那你就会发现，想要给他们冲洗鼻腔是非常困难的，哪怕爸爸妈妈当面给自己清洗鼻腔，他们也不愿意接受这样的行为。可想而知，洗鼻腔并不疼，也不难受，孩子都如此排斥和抗拒，他们怎么可能接受吃药、擦药、打针这样的对待呢？

6岁的孩子非常敏感，父母不要过于指责他们，而是要相信他们是可以战胜对于疼痛的恐惧的。当然，父母要非常耐心地引导他们，记住不要欺骗他们，因为欺骗会让他们不信任父母，如实地告诉他们疼痛到底有多疼，让他们做好心理准备，这样才能让他们变得更加勇敢。

第 02 章
6 岁孩子的管教技巧——有效管教孩子的五个方法

凡事掌握技巧则能事半功倍，不能掌握技巧则会事倍功半，和孩子的相处也同样如此。不过与孩子相处的技巧并不单纯是技巧，而是要建立在了解孩子的身心发展规律的基础上。6岁到6岁半的孩子就像是一个随时都有可能爆炸的小炸弹，所以在和6岁的孩子相处时，一定要更加了解6岁孩子的身心发展特点，通过一定的技巧来化解与6岁孩子之间的矛盾，这才是最有成效的。当然，我们所说的相处技巧并非对所有的孩子都有效果，但是却能给父母提供一个思路，也能够引导父母思考与孩子之间的关系和相处的方式。

多多夸奖孩子

虽然我们很难找到6岁的孩子身上有什么值得夸赞的地方，但是，与6岁孩子相处最有效的技巧之一就是夸奖。孩子很渴望得到父母的认可，而父母作为朝夕和孩子相处的人，更应该发现孩子点点滴滴的进步，以及孩子身上任何可喜的变化。人们常说，好孩子都是夸出来的，正是这个道理。明智的父母会慷慨地夸奖孩子，而愚蠢的父母则会给孩子挑出各种毛病，指责、否定和批评孩子，这样只会让孩子更加逆反。

那么，6岁的孩子有哪些可以夸奖的地方呢？孩子在生活中点点滴滴的表现都可以作为夸奖的借口，例如，孩子今天吃饭吃得又快又好，没有把饭菜洒到桌子上；再如，孩子晚上洗澡的时候没有磨蹭和拖延，很高兴地去洗澡，然后乖乖地上床睡觉；孩子早晨起床的时候自己穿衣服。诸如这些事情，都可以作为契机来夸奖孩子。此外，孩子在学校里的表现，父母也应该通过老师来多多了解，这样才能知道孩子在哪些方面表现得更好，在哪些方面有所退步。很多父母把孩子往学校里一扔就不管了，总觉得把孩子交给老师就是最省心省力的教养方式，实际上这是对孩子不负责任的表现。

无论父母从事怎样的行业，在什么岗位上，养育孩子都是

第02章
6岁孩子的管教技巧——有效管教孩子的五个方法

为人父母者毕生最伟大的事业。父母一定要端正教养孩子的态度,切勿觉得孩子自己就会长大,也不要觉得因为自己忙于工作,所以就有理由疏忽孩子,怠慢孩子。实际上,任何人在身份升级为父母的那一刻,就开始对孩子负有不可推卸的责任,这一点父母一定要明确。

甜甜是一个特别细腻的女孩儿,她很想得到妈妈的夸奖。有一天晚上,妈妈让甜甜去刷牙,甜甜却磨磨蹭蹭不想去,还很夸张地说:"我就不去!我就不去!"看到甜甜的表现,妈妈又开始忙活起其他的家务,想等一会儿再去催促甜甜。趁着妈妈不注意,甜甜悄无声息地溜到洗手间里,不但刷了牙,洗了脸,而且还洗了脚呢。看到甜甜这样的表现,妈妈惊讶极了,她说:"哇塞,甜甜,你可真是个懂事的小姑娘啊!你看到妈妈很忙,就自己来刷牙洗脸,你可太棒啦!"得到妈妈的夸奖,甜甜高兴极了,她说:"妈妈,我以后每天都自己刷牙洗脸,你不要提醒我,我就来洗脸刷牙,好不好?"妈妈恍然大悟,原来甜甜刚才故意拖延磨蹭,只是想给自己一个主动表现的机会啊。认识到这一点之后,每天晚上妈妈就不再着急地催促甜甜洗脸刷牙了,而是会给甜甜主动刷牙洗脸的机会,让甜甜好好表现。当然,妈妈也会非常慷慨地夸奖甜甜。就这样,甜甜晚上的表现越来越好,再也不像以前那样磨蹭着不愿意洗漱上床了。

发现了甜甜的这个特点之后,妈妈对甜甜多了一个杀手

铜,那就是夸奖。例如,早晨看到甜甜刚刚起床不太愿意吃饭,妈妈就会夸奖甜甜:"甜甜,你长得这么高,都是因为吃饭吃得好!你看看,有的小朋友长得没有你高,肯定是因为他们不好好吃饭!"听到妈妈这句话,甜甜马上就变得胃口大开,而且还狼吞虎咽起来。晚上回家写作业,原本甜甜很排斥写作业,因为她才刚刚上一年级,手腕的力量还不足,所以每次写完作业之后手都会觉得很累,但是妈妈却夸奖甜甜:"你可太厉害了,你看看,你把作业完成的这么好,老师都给你画五角星了呢!妈妈真为你骄傲呀!"得到妈妈这样的夸奖,甜甜就充满了干劲,很快就端正地坐在书桌前,认真地把作业写完了。

父母是孩子在这个世界上最为亲近和最为重视的人,尤其是在成长的过程中,孩子非常依赖父母,他们对于父母的评价也特别看重。很多孩子在小时候缺乏自我评价能力,就会把父母对他们的评价作为自我评价。由此可见,父母的每一句评价对孩子来说都至关重要。所以,父母不要一味地批评和训斥孩子,更不要试图命令孩子,而是多多夸奖孩子,这样孩子就会成为父母所期望的样子。

在夸奖的时候需要注意几个要点。

第一,夸奖一定要根据实际情况,说得详细具体。很多父母夸奖孩子都说得很空洞,诸如"你好棒""你很厉害"这样的夸奖,在刚开始说的时候也许能够激励孩子,但是随着说的次数越来越多,孩子渐渐地会觉得空虚和乏味,甚至会产生厌烦。父母在夸奖孩子的时候，要夸奖孩子切实的举动，而且夸奖要详细具体，最好能够描述孩子所说的话和所做的行为，这样孩子才会知道父母真正看到了他们的表现。

第二，要夸奖孩子不为人知的优点。很多父母都知道孩子的优点，其实父母要更加用心地挖掘孩子不为人知的优点，因为父母对孩子非常了解，而且每天跟孩子朝夕相处，所以很容易发现孩子的独特之处。当父母又发现了孩子的一个优点，并且慷慨地夸奖孩子，那么孩子就会充满干劲，就会愿意表现得更好。

第三，夸奖要及时。孩子在做一件事情之后，最渴望得到的就是父母的夸奖。父母要在事情发生的第一时间就夸奖孩子，而不要等到这件事情发生过去之后才来表扬孩子，否则孩子一定会感到遗憾。

总而言之，孩子虽然小，但是他们非常敏感，父母在夸奖孩子的时候切勿流于形式，而是要从形式到内容，要更加注重对孩子的鼓励和激励。有的时候，面对一个调皮捣蛋的孩子，只要父母说几句真心的赞美话，孩子就会有很大的改变。美国成功学大师卡耐基小时候就是一个非常顽皮的孩子，他是郡里出了名的调皮捣蛋大王。继母来到家里之后，父亲当着继母的面说卡耐基是调皮捣蛋大王，继母却说卡耐基是一个很聪明的孩子。正是这句话改变了卡耐基的一生，后来在继母的支持下，他求学深造，成为了著名的成功学大师。

夸奖孩子是父母给孩子的最好的礼物，父母要适时适度地夸奖孩子，要多多地鼓励孩子，只有这样，才能帮助孩子树立自信心，也激励孩子有更好的表现。

给孩子更多机会去尝试

要想有效地管教孩子，除了夸奖孩子之外，还要给孩子更多的机会去尝试。很多父母的控制欲都很强，面对顽皮捣蛋的孩子，他们恨不得把孩子管得规规矩矩，让孩子凡事都听他们的。殊不知，孩子是一个有思想、有主见的活物，他们怎么可能会凡事都听从父母的呢？所以为了发泄孩子多余的精力，为了保护孩子的好奇心，也为了培养孩子的创造力，父母要给予孩子机会，激励孩子多多尝试，即使失败了也不要畏缩，而是继续勇往直前。

6岁的孩子正处于从依靠父母到走向独立的过程中，对于很多事情，他们原本都需要得到父母的帮助才能完成，或者由父母替代完成，但是现在他们需要自己去做很多事情。面对那些艰巨的任务或者是从未做过的事情，很多6岁的孩子都会直接用"我不会干"来表示拒绝，实际上每个人并不是天生就会做所有的事情，只有通过不断的练习，能力才能得到提升，经验才会越来越丰富。所以当孩子对你说出这句话的时候，你千万不要把这句话放在心上,也不要因为这句话就马上卷起袖子去帮助孩子处理好一切事情,更不要因为孩子这样消极的态度就严厉地批评孩子,与孩子产生正面冲突。作为父母,我们可以试着回应孩子:"我想,我如果给你三次机会,你应该就能完成这个艰巨的任务。"当得到父母这样的回应之后,孩子会有一个惊喜的发现,因为他会觉得你能接受他的拒绝,而且还会给他机会去尝试,这样一来,他对你的试探就得到了想要的结果,这会让他感到放松。

当然,需要注意的是,不要给孩子太多次的机会,因为孩子往往会浪费他们的机会。如果父母给他们三次机会,他们通常会在最后一次机会被用掉之前来达到父母的要求。如果父母给他们三十次机会,那么他们就会利用前面的二十九次机会来尝试,而只用第三十次机会来努力完成任务。显而易见,这对于提升任务完成的效率是没有好处的,而且会使孩子变得拖延和懒惰。

在给孩子分配任务的时候,为了让孩子得到完成任务的成就感,父母需要把握任务的难度。不同年龄段的孩子所拥有的能力是不同的,6岁的孩子拥有怎样的能力?能够处理怎样的任务?父母对这一点要做到心里有数。如果盲目地给孩子布置一个他们根本不可能完成的任务,那么孩子就会产生挫败感。给孩子布置的任务要有一个标准,那就是孩子努力去做就能够完成任务,或者孩子多尝试几次就能够完成任务,这样孩子就能

在拼尽全力完成任务之后获得成就感，从而会对这样的任务分配越来越感兴趣，说不定父母不给他们分配任务，他们也会积极主动地要求得到任务呢。只要坚持这么做，父母就能调动孩子的积极性，也能够激发孩子的求胜欲望。

在完成任务的过程中，孩子如果的确遇到了凭着自身无法解决的难题，父母还可以给予孩子一定的协助，从而培养孩子与人合作的能力。需要注意的是，父母切勿代替孩子去做。父母要弄清楚一点，即使父母非常爱孩子，也不可能永远陪伴在孩子身边，孩子终究要离开父母的保护，独立去过属于自己的生活。所以，父母要学会对孩子放手，而不要永远像老母鸡一样保护着孩子。

适度和孩子讲一讲条件

很多父母都喜欢对孩子居高临下，在孩子面前表现出自己的权威，这是因为他们认为只有拥有权威的父母才能更好地管教孩子。但过于表现权威往往会起到反效果，有时需要与孩子打成一片。当然，这并不是说父母一定要与孩子没大没小，不分高低和长幼尊卑，中华民族的传统文化美德是不能丢弃的。如果父母在日常生活中经常以权威的面目出现在孩子的面前，那么在比较偶然和特殊的情况下，与孩子进行讨价还价就可以起到比较好的效果。

　　需要注意的是，不能在每件事情上都与孩子讨价还价，因为这么做会让孩子有恃无恐，以为父母是没有原则和底线的，也会浪费父母大量的时间和精力，使父母根本没有更多的时间去处理其他的事情。最糟糕的是，面对做事情没有原则和底线的父母，孩子常常会觉得父母是软弱可欺的，所以使用讨价还价的方式来教养孩子只能够是偶尔为之。

　　娜娜是一个特别喜欢吃糖的女孩儿，她每天都缠着妈妈要棒棒糖吃，妈妈看着她满口的蛀牙，感到非常担心，因而不愿意给娜娜吃棒棒糖。但是娜娜并不罢休，每天都跟妈妈要棒棒糖，搞得妈妈心烦不已。在这种情况下，妈妈决定要跟娜娜达成一个协议。

　　娜娜还有一个哥哥，她经常跟哥哥吵架，虽然她还很小，但却总是逗弄、招惹哥哥，这就导致妈妈总是介于兄妹的矛盾之中，进退两难。每次处理矛盾，不是娜娜不满意，就是哥哥不满意，妈妈常常感到非常为难。借此机会，妈妈对娜娜说："如果你能够每天克制自己不去招惹哥哥，和哥哥友好相处，那么我每天都可以奖励你一根棒棒糖。"果然，娜娜对棒棒糖爱的力量是很强大的，自从和妈妈达成这个协议之后，她尽量不去招惹哥哥，而且还能跟哥哥友好相处呢！每天，她只要不和哥哥发生矛盾，就能够从妈妈那里得到一个棒棒糖。如果她和哥哥之间发生了不愉快，那么她就不能得到这根棒棒糖。很

我的孩子6岁了

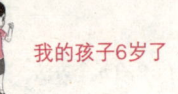

快娜娜的行为就变得越来越好,看着家里兄妹之间其乐融融的模样,妈妈觉得这颗棒棒糖可真是付出的值得呀!但是因为担心娜娜的牙齿,妈妈买了含氟的儿童牙膏,让娜娜每天都坚持认真地刷牙。这样一来,既满足了娜娜吃棒棒糖的需求,也实现了兄妹之间的友好相处,还能够让娜娜好好刷牙,妈妈觉得自己真是做了一个划算的"交易"啊!

很多父母都对孩子的讨价还价感到头疼,这是因为有很多孩子都喜欢和父母讲条件。实际上,讲条件意味着孩子的智力发展达到了一定的水平,他们知道在很多事情之间都存在着交

易的关系，虽然父母不能一直和孩子讲条件，但是适度地和孩子讲一讲条件，让孩子知道必须达到某种条件才能够获得一定的利益，这对于孩子提升自控力是非常有好处的。

当然，对于一些原则性的问题，即使孩子主动地和父母讲条件，父母也是不能够妥协的，这是因为孩子必须确定自己的行为边界，有些原则和底线是不能触碰的。父母一定要在孩子面前保持这个原则，而不要对孩子无限度地让步，否则就会使孩子越来越纵容。

冷静处理孩子的情绪

当父母和孩子都处于情绪的巅峰状态，谁都不让着谁，那么家里就会发生一场不可控制的战斗。明智的父母在发现孩子处于情绪失控的状态中时，虽然明知道自己教育孩子是为了孩子好，也知道孩子犯了错误，但是却不会继续和孩子投入情绪的战斗，而是会按下暂停键，把孩子从战斗状态中拽出来，让孩子处于相对独立的空间里，恢复情绪。当然，如果孩子非常执拗，不愿意离开战斗现场，那么父母也可以主动离开孩子，退避三舍，这样一来就能给彼此冷静的时间和空间。

除了离开战斗现场之外，还可以对6岁的孩子采取漠视的态度。不可否认的是，6岁的孩子的确非常顽皮淘气，他们的顽劣

程度堪比2岁半的孩子。面对孩子这些淘气的行为，如果并没有造成严重的后果，或者并不涉及原则性问题，那么父母可以采取视而不见的方法，忽略孩子的这些行为，从而避免自己采取过激的方式应对孩子。

  有的时候，父母对孩子的态度过激，非但不能够起到禁止孩子的效果，反而还会使孩子变本加厉。父母要坚持一个原则，就是对于孩子做出的行为，只要不是特别危险的，不是触犯父母的原则和底线的，那么即使父母并不欣赏孩子的行为，也可以对此视而不见。这样一来，哪怕父母觉得孩子做出这么糟糕的举动，是应该被打屁股的，也能够有效地控制住自己的情绪。父母必须知道，对于一个6岁的孩子来说，即使被狠狠地打了屁股，他们也并不会改变自己的行为。也许打屁股的有效作用只能保持很短暂的时间，但是打屁股带来的恶劣影响却很严重。父母对孩子采取的措施越是严厉，孩子就越是会变本加厉。当孩子知道最坏的结果也不过如此的时候，父母就失去了管教孩子的杀手锏。

  哲哲是一个非常顽皮淘气的孩子，尤其是在进入6岁之后，他的各种行为更是非常过分。例如，在周末的时候，妈妈让哲哲留在家里吃水果，妈妈去楼下倒垃圾，等到妈妈回来之后，却发现哲哲用水果在纸上画画，把水果糟蹋得乱七八糟。看到自己花费昂贵的价格买回来的水果都被浪费了，妈妈特别心疼，但是妈妈只是看了哲哲一眼，并没有批评哲哲。哲哲很心虚，看到妈妈一言不发，他反而迅速收拾了战场，乖乖地把水果都吃掉了，把垃圾都扔到垃圾桶里。后来，哲哲再也没有做出这样的行为。

如果当时妈妈打了哲哲的屁股，那么哲哲就会知道，即使他这么顽劣，妈妈顶多也就是打他的屁股而已，说不定他下次会出于逆反心理继续做出这样的举动。在亲子关系中，父母一定要保持理性，这样才能够在与孩子斗智斗勇的过程中占据主动，占据上风。如果父母情绪失控，歇斯底里，那么就会非常被动。

父母要知道，在管教孩子的过程中，最好不要打骂孩子，尤其是不要打孩子。打只能让孩子的身体疼痛，而不能让孩子懂得更多的道理。所谓动之以情，晓之以理，这个方法不仅适用于说服成年人，也同样适用于说服孩子。在管教孩子的过程中，父母要尽量触动孩子的内心，这样才能够让孩子更加积极主动地与父母配合，做好该做的事情。

避开亲子相处的雷区

细心的父母可以用心地观察一下，孩子在什么情况下最容易做出糟糕的行为。只要留意到孩子的各种糟糕的表现是否与特定的情况相对应，那么在教育孩子的过程中，父母就可以刻

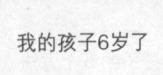

意地避开雷区，例如，避开一定的时间、地点，避开一些特定的人物，这样一来就可以让教养孩子变得更加容易。

有些孩子的自尊心特别强，每当父母当着外人的面批评他们的时候，他们就会变得非常不听话，甚至变本加厉。那么在这种情况下，父母就不要当着外人的面批评孩子，一定要给孩子留面子。也有一些孩子平日里非常乖，但是每当家里有亲戚朋友来的时候，他们就会变得非常兴奋，而且会做出各种出格的举动。这种孩子就是典型的"人来疯"，他们甚至会故意逗人发笑，对于这样的孩子应该尽量避免带他到非常隆重的场合，或者面对很多人。如果不可避免地要带孩子到这些场合，那么要提前教育孩子，一定要控制好自己，不要当着他人的面出丑，否则就会引起严重的后果。提前给孩子打预防针，孩子就会有所收敛。当然，有些孩子之所以是人来疯，并不是因为他们的表现欲特别强，而是因为他们平日的生活太孤独，在这种情况下，父母就可以多带孩子见人，让孩子渐渐习惯面对更多的人，也可以在人前有更好的表现。此外，当家里有客人来的时候，父母还可以让孩子玩一会儿游戏，或者带着小客人一起看电视，玩游戏，渐渐地孩子就能控制自己了。

有些孩子平日里很少说话，但是当家里有外人的时候，他们就会变得特别愿意说话。在这种情况下，父母要给孩子一定的机会表达，从而满足孩子的表达欲。总之，不同的孩子都有出现问题的可能，为了让孩子少出问题，父母可以给孩子更多的机会，让孩子得到心理上满足。当心情愉悦、内心满足时，孩子们就不会趁着人多的时候给父母添麻烦了。

对于亲近的客人，为了满足孩子的表现欲，父母还可以跟客人沟通，让客人更多地关注孩子，给孩子机会出风头。这样，孩子得到了机会展示，他们就会更愿意配合父母，也就不会故意捣乱。不管对孩子采取怎样的措施，都应该要尽早预测问题，才能够有效地避免问题发生。一定要在孩子的行为不那么过分的情况下，给孩子更多的帮助，以避免尴尬和难堪。

作为父母，理应最了解自己的孩子。只要父母多多用心，在日常生活中仔细观察孩子，就能更了解孩子的心理需求和感

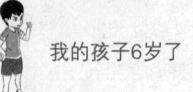

情需求。很多孩子之所以做出异常的表现，都是因为他们的内心没有得到满足，父母只有发自内心地尊重孩子，真正平等地对待孩子，孩子才会有更加平衡的表现。亲子关系从来都是双方面的，父母不要一味地要求孩子，而是要设身处地为孩子着想，站在孩子的立场上为孩子考虑。当孩子的内心和情感得到满足的时候，他们与父母的沟通会更加顺畅，他们也会更愿意与父母进行良好的互动。

第 03 章
6 岁孩子的性启蒙期——关注孩子的性心理发展情况

　　5 岁的孩子对于性并不关注，甚至可以用冷漠来形容，但是到了 6 岁的时候，他们的性意识似乎突然得到了启蒙，幼儿对于性空前关注起来。实际上，6 岁的孩子对性和性的衍生物都特别感兴趣，所以，父母要抓住这个时期对孩子进行性教育的引导，这对于孩子未来的成长是非常有好处的。

孩子之间的亲昵举动

小磊6岁了,正在读幼儿园大班。他是一个非常阳光帅气的男孩子,也很活泼可爱,在幼儿园里很受同学的欢迎。有一天放学后,妈妈和往常一样,带着小磊在幼儿园的院子里玩滑梯,发现小磊和一个小女孩的关系特别好。在玩滑梯的时候,小磊一直拉着这个小女孩的手,当小女孩感到害怕的时候,他还会像男子汉一样鼓励和保护小女孩。

小磊妈妈忍不住和女孩的妈妈沟通起来,这才知道小磊和女孩平时就是好朋友,只不过小磊妈妈很少过来接小磊,都是奶奶来接的,所以妈妈不知道,也对这个小女孩不太熟悉。就在两位妈妈聊得高兴的时候,小磊妈妈发现,小磊居然和女孩拥抱在一起。看到小磊做出这样的举动,妈妈赶紧上前去制止,说:"小磊,不可以这样。"但是小磊还是抱着小女孩不撒手,小磊妈妈有些尴尬地看着女孩的妈妈,女孩的妈妈笑着说:"没关系,都是小孩子。"

晚上回到家里,小磊妈妈把小磊的表现告诉了爸爸,非常担忧地说:"这才小小年纪就和小姑娘搂搂抱抱的,长大了可怎么得了呢?"爸爸对此不以为然:"这么小的孩子能有什么想法呢?人家只是纯真的友谊,你可不要想歪了。"妈妈对爸爸说的也不置可否，说："从小就能够定下来将来的样子，要是到了青春期还是和小女孩勾搭不清，我看你该怎么办？到时候，你可就发愁他的学习吧。"爸爸哈哈笑起来，说："那也比没有女孩子喜欢来得更好！放宽心吧，孩子这才多大呢！"

在这个事例中，妈妈对小磊和女孩儿搂搂抱抱的行为显然有些反应过激了，对于6岁的孩子而言，他们已经进入了第二性趣高峰，所以会对异性非常感兴趣，也愿意和小女孩相处，这是正常的生理表现，妈妈无须为此感到紧张。有的时候，反而是因为家长过激的反应会给孩子带来很大的心理负担，也会使孩子受到惊吓。如果父母能够摆正心态，以平常心对待孩子之间的亲密举动，那么孩子就能够更加淡然处之。

对于处于性趣高峰的孩子而言，父母平静的态度是非常关键的。孩子对性原本就处于探索的状态之中，父母如果反应过激，孩子就会感到非常紧张；父母只有心平气和地引导孩子，孩子才能够得到父母的帮助。其实，对于孩子而言，他们更需要的是父母平静的理解，是父母无条件的接受。每个孩子都会经历这样的性趣发展阶段，父母更应该提前了解孩子在这个阶段的身心表现，才能够陪伴孩子顺利地度过性趣发展阶段。

有些孩子不但会彼此拥抱，甚至还会进行更为亲密的举动，如相互亲吻。虽然这个举动已经超越了正常的友谊界限，但是带孩子们探索这个举动的初心却是非常单纯的，他们并不知道所谓的爱情是什么，他们只是想要尝试一下彼此亲密无间

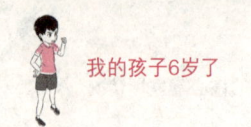

的感觉。在日常生活中，父母也可以多多拥抱和亲吻孩子，这样孩子就能够在心理和感情方面得到满足。有些孩子在家庭生活中非常孤独，那么在和同学们相处的时候，他们会走向两个极端，或者和同学特别亲近，或者和同学特别疏远，不相往来，把自己变成一个孤僻的世界。显然，这都不是身心健康发展的表现。作为父母，当发现孩子过于孤僻或者对同学太过热情的时候，要从孩子的行为分析孩子的心理状态，从而才能够引导孩子更快乐地成长。

孩子为何喜欢做生宝宝的游戏

随着二胎政策的放开，很多家庭里都选择了再要一个孩子，这个时候老大往往已经好几岁了，甚至已经6岁了。当发现妈妈生出了一个小宝宝的时候，孩子们一定会感到非常惊奇，那么他们是怎么看待小宝宝的呢？

孩子虽然才6岁，但是他们已经知道，他们并不是爸妈从垃圾桶或者路边捡来的。爸爸妈妈曾经欺骗他们的这些谎言早就被他们识破了，看着妈妈日益隆起的大肚子，他们很清楚，小宝宝是在妈妈的肚子里不断长大的，不过他们并不知道小宝宝是如何进入妈妈的肚子里，也不知道小宝宝是如何从妈妈的肚子里出来的，为此他们充满了好奇。有一些孩子也会问妈妈在生小宝宝的时候会不会觉得疼痛,面对孩子的关心,有些妈妈选择回避的态度,责怪孩子不要问乱七八糟的问题,而有些妈妈却会采取直接面对的方式,正面回答孩子的提问。

在目睹妈妈的肚子越来越大到生出宝宝的过程中,孩子们渐渐地产生了一个疑问,他们已经不再满足于知道宝宝是在妈妈肚子里长大的,而是想要知道为什么妈妈的肚子里会有一个宝宝。既然妈妈的肚子里以前没有宝宝,那么又为何会突然出现了一个宝宝呢?所以,孩子会想到这件事情一定是从一个变化开始的,那么这个变化是如何产生的呢?当被问到这个尴尬的问题时,很多妈妈都不知道该怎么回答孩子,因而会训斥孩子,殊不知这样会损害孩子的好奇心。其实,妈妈可以告诉孩子,小宝宝就像一粒种子一样,在妈妈的肚子里生根发芽,不断长大。这样的答案能够让孩子对宝宝的出生感到很浪漫,而且会感到满意。

当然,并非每一个孩子都满足于父母这样的回答。有些孩子的思维能力比较强,也或者因为阅读了较多的读物,他们和普通孩子相比见多识广,所以自己推断出妈妈先吃掉了这颗种子,所以肚子里才会有了这颗种子,最终长成了宝宝。只有极少数的孩子知道妈妈肚子里的这颗种子是爸爸给妈妈的,但是他们并不知道爸爸是如何给妈妈的。有些孩子认为亲吻之后妈妈就会生孩子,有些孩子认为爸爸是用手拿着种子给了妈妈。大多数6岁的孩子都不能理解性的本质,哪怕他们无意间接触到

了关于性的知识,也并不能够明白性的真正含义。

当妈妈怀了二胎,肚子日渐隆起,对于妈妈肚子里为何会有个小宝宝这件事情,娜娜感到非常好奇,也非常羡慕妈妈。有一次,她对妈妈说:"妈妈,我想快一点长大,因为我也想当妈妈。不过你能不能告诉我,我怎么才能找到丈夫?"听到娜娜的话,妈妈觉得非常有趣,她笑着对娜娜说:"这可并不难,等到你长大之后,你就会考上高中大学,然后你就有机会去参加歌唱晚会、舞会,总之,你会有各种各样的机会。在有趣的聚会上,你会认识一个非常优秀的男孩子,他不但高大英俊,而且还很善良,你很喜欢他,那么你就会和他开始交往,最后你们决定在一起了,你们就会结婚,就会有自己的孩子。"

娜娜非常好奇地问:"那么,你会同意我和他结婚,然后生孩子吗?"妈妈说:"当然呀,如果你们是真心相爱的,那么我会祝福你们。但是你要知道,你必须找到一个真心相爱的人才能结婚,而不能随随便便地就把自己嫁出去。"娜娜得到妈妈的回答感到非常满意,她就抱着洋娃娃出去玩了。

后来,妈妈发现娜娜在和她的好朋友一起玩生孩子的游戏。娜娜假装把洋娃娃塞到肚子里,假装要生孩子,而且还很痛苦地叫唤着。妈妈不由得觉得好笑,她知道娜娜对于生命的起源越来越充满好奇。

6岁的孩子为何喜欢做生宝宝的游戏呢?就是因为他们对于生命的起源感到好奇,也想知道生命到底是如何繁衍生息的。

在这个过程中，父母可以给孩子们普及一些关于性的知识，也告诉孩子们宝宝究竟是如何诞生的。

孩子们玩关于生宝宝的游戏有很多的形式，例如，过家家，有人扮演爸爸，有人扮演妈妈，还有人扮演孩子；还有的孩子索性和娜娜一样，假装自己在生孩子。不过虽然他们知道宝宝是在妈妈的肚子里长大的，但是他们并不认为结婚和生孩子之间有什么必然的联系，也并不认为肚子大就是有了宝宝的表现。

因为对性越来越感兴趣，孩子们在一起玩的时候还会发展出更多的性游戏方式。例如，有些女孩子会假装自己是男孩子，把头发塞到帽子里，穿上男孩子的衣服，甚至给自己取一个男孩子的名字，然后让大家都叫她男孩子的名字。也有一些男孩子会假装自己是一个女孩子。当然，不管孩子之间的性游戏以怎样的方式进行，都要在安全健康的前提之下。父母尤其需要注意的是，为了正确培养孩子的性意识，所以不要对男孩、女孩进行颠倒身份的养育。有些父母喜欢男孩，就称呼自己的女儿为儿子；有些父母喜欢女孩儿，就给自己的儿子穿上女孩的裙子。这样会使孩子产生性别错乱，让孩子对于自己到底是男孩儿还是女孩儿产生混乱的认知，这对于孩子未来的成长是极其不利的。

父母要知道，不管什么时候都要面对孩子的性教育，所以，一定要根据孩子的身心发展特点，及时地对孩子开展性教育，及时地对孩子普及性知识。这样才能避免孩子在性方

面有困惑而得不到解答情况的发生，也才能引导孩子性发展和成熟。

女孩子喜欢照顾宝宝

如果让一个6岁的女孩儿独自照顾小宝宝，会发生什么事情呢？通常情况下，人们都认为6岁的孩子是不能独立照顾小宝宝的，其实只要给孩子机会，我们就会发现，6岁的女孩会把小宝宝照顾得非常周到。妈妈看到这一点一定会感到很惊奇，因为在妈妈面前，6岁的小女孩本身还是小宝宝，还需要妈妈精心照顾，为何在照顾宝宝的时候，她就摇身一变，变得好像一个小小的妈妈一样，能够非常耐心细致地照顾宝宝呢？这是因为女孩天生就有母性，而且女孩非常细心，她们在照顾宝宝的时候会模仿大人的样子。此外，还因为女孩进入了第二性趣高峰，所以她们对于自己的性别角色认知越来越深入，也就能够扮演好自己的性别角色。

很多6岁的女孩已经开始渴望自己能够成为妈妈，尤其是在看到很多大肚子的孕妇时，她们甚至幻想着自己的肚子里也能有一个小宝宝，这是母性开始萌芽的表现，也是女孩的性别意识得以发展导致的。

周六的时候，妈妈带着娜娜去小区的广场里玩，妈妈的肚子比较大了,所以只能远远地看着娜娜,担心被娜娜碰到。娜娜呢,在公园里玩得很开心,她看到有几个奶奶正推着婴儿车走来走去,婴儿车里或者坐着或者躺着几个月大的宝宝,她就主动上前去要求推着婴儿车。就这样,娜娜非常有耐心,虽然小区广场上没有同龄的孩子和她一起玩,但是她和几个月的小弟弟小妹妹们玩得也很尽兴。

看到一个小弟弟的嘴巴里流出了口水,娜娜还主动找到照顾小弟弟的奶奶说:"奶奶,小弟弟流口水了,你有没有餐巾纸?我来给小弟弟擦一擦口水。"看到娜娜这么懂事,老奶奶把餐巾纸给了娜娜,娜娜打开餐巾纸,小心翼翼地为小弟弟擦去口水。老奶奶羡慕地对妈妈说:"你这马上就要生老二了,

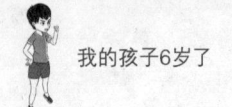

有这么一个姐姐可真幸福啊,将来她一定会把小弟弟照顾得很好。"妈妈看到娜娜的举动也觉得非常惊讶,因为平日里娜娜还需要妈妈照顾呢,妈妈不知道娜娜为什么突然之间变得这么懂事。

孩子的力量其实是非常强大的,如果父母一直无微不至地照顾孩子,那么孩子就会更长时间处于宝宝的状态。反之,如果父母没有能力照顾孩子,或者曾给孩子机会锻炼,那么孩子各方面的能力就会得到增强。曾经有网络新闻说一个6岁的女儿独自照顾瘫痪的父亲,想一想吧,在健全的家庭里,6岁的女儿还是父母的掌中宝,还要接受父母无微不至的照顾,但是这个6岁的女孩面对瘫痪的父亲,却以稚嫩的双肩承担起了照顾父亲的重任。不得不说,孩子的力量真是令人惊奇啊!

很多6岁的女孩,因为生活中并没有宝宝需要照顾,所以她们会假装玩具是宝宝,或者在玩耍的时候看到有几个月的宝宝,她们非常喜欢,也会主动地照顾他们。对于6岁女孩的这种表现,妈妈不用过于担心,因为在照顾宝宝的过程中,女孩会变得越来越细心,各方面的能力会逐渐地增强。

其实,女孩不仅可以照顾宝宝,也可以照顾家人。在日常生活中,妈妈也可以有求于女孩,让女孩做一些力所能及的事情,例如,妈妈需要喝水,那么可以让女孩倒水;妈妈想要吃水果,可以让女孩拿水果。这些力所能及的小事可以帮助女孩提升能力,还可以给女孩更好的成长机会。

正确应对孩子探索身体

在3~6岁的孩子之间，性游戏是非常普遍的。曾经有调查机构针对全国500名幼儿老师进行调查，发现其中有大概80%的老师看到异性孩子玩过家家的游戏，还有大概70%的老师看到过异性孩子彼此拥抱和亲吻，有大概40%的老师看到过孩子们互相观察生殖器，有15%左右的老师看到过孩子们互相抚摸生殖器。这一组数据足以告诉我们，孩子在3~6岁对于性是非常感兴趣的，所以父母应该抓住这个机会对孩子开展性教育。

为了验证针对幼儿教师的调查，这个调查机构也针对2000多名父母进行了调查，结果显示，父母们反映的数据和幼儿教师反映的数据是相吻合的，这就说明孩子们普遍对性感兴趣。尤其是在6岁进入第二性趣高峰之后，孩子们对身体的奥秘更加充满好奇。那么，面对孩子们频繁地进行探索身体的游戏，爸爸妈妈应该如何应对呢？怎样才能够引导孩子，让孩子对性游戏有所节制，避免孩子沉迷于性游戏呢？

通常情况下，孩子们的性游戏有以下几种，例如，过家家，假装结婚，假装生孩子，互相看生殖器，互相抚摸生殖器，拥抱亲吻等。这些游戏都是与性有关的，表现出孩子对性感兴趣的心理状态。父母无须感到紧张，因为孩子正是通过这样的方式来认识自己的身体，也认识他人的身体。在此过程

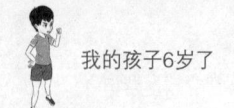

中，他们更加渴望与他人之间建立亲密无间的关系，也在摸索着学习如何与他人的身体进行接触。在游戏的过程中，孩子的社会性得到发展，他们的身心都得以成长。

作为父母，当看到孩子做探索身体的游戏时，要把握以下的几个原则。

第一，父母要让孩子明白性活动的特殊性，为孩子确立性活动的行为界限。即使看到孩子做出出格的举动，也不要对此表示惊慌，更不要把恐惧的情绪传染给孩子。父母应该平静地对待孩子进行性游戏，也要以合理的方式干预孩子进行性游戏，例如，告诉孩子换一种游戏来玩，或者是带着孩子离开性游戏，这样一来就能够终止性游戏。切勿因此就辱骂和责怪孩子，否则会伤害孩子的自尊心。只有保护孩子的自尊心，以正确的方式帮助孩子形成羞耻感，这样孩子的精神才能得以发展，从而真正成功地控制自己的言行举止。

第二，用正确的方式对待孩子进行性游戏。在幼儿园里，每当在课间休息的时候，或者是在中午午休的时候，以及其他老师没有照顾到的时候，孩子们之间很容易会互相观察和抚摸生殖器。当老师发现发生了这样的情况，先不要惊慌失措，更不要惊动孩子。尤其是在把这个事情告诉父母的时候，要注意措辞。那么父母在得知孩子进行性游戏时，也要积极地与幼儿园老师进行沟通，家校配合对孩子进行良好的引导和帮助，而不要认为孩子做出了出格的事情理应被批评。这是因为6岁的孩子并不知道性游戏的边界在哪里，所以父母需要引导孩子明确游戏的边界，要告诉孩子，很多与性有关的器官都是隐私部位，不能随便给别人看。在这样的循循善诱之下，相信孩子能够更好地保护自己。

第三，不要因为发现孩子之间在做性游戏，就因此而羞辱和打骂孩子，要知道孩子的心思是非常单纯的，他们之所以对性游戏感兴趣，是因为想要探索身体的奥秘，而并没有其他复杂的想法。作为父母，当看到孩子之间在做性游戏的时候，切勿告诉孩子这是无耻下流的行为，否则就会给孩子沉重的心理负担。要知道，自尊心才是让孩子进行自我管理的原始驱动力，如果父母伤害了孩子的自尊心，让孩子的自尊心碎了一地，那么孩子就会更加肆无忌惮地去做一些事情，而不会维护自己的自尊，也不能够发展和构建健全的人格。

第四，父母要对孩子尽到监护的责任和义务。很多父母因为忙于工作，就把孩子托付给老人管教，而老人却又忙于生活，所以只能供给孩子吃喝，而不能关注孩子的身心健康。在这种情况下，如果孩子的身心发展出现问题，那么父母是要承担很重要的责任的。父母即使工作再忙，也要承担起监护孩子的责任，尤其是当孩子处于生命发展中的关键时期时，父母更是要承担起父母的重任，给孩子良好的教育和引导。如果孩子之间进行性游戏，父母一定要在现场负责监管，这样才能够及时制止孩子做出出格的举动，也才能对孩子进行适时适当的

我的孩子6岁了

引导。

　　第五，孩子心思单纯，他们之所以做性游戏，就是因为对性感兴趣。他们本身的心思是很简单的，作为父母，在看到孩子做新游戏的时候，切勿将其上升到道德高度。例如，很多父母发现孩子做性游戏都非常抓狂，他们会不顾一切地吓唬孩子："你这样做，警察会把你抓起来！你这么做，你就是一个坏孩子！"这样的语言无异于给孩子贴上负面标签，会让孩子对自我认知感到非常混乱。父母一定要认识到，孩子之所以做性游戏，是因为他们的内在发展有这样的需求，这样的行为与道德并没有必然的联系，只是生理的需求和心理的需求导致的，所以父母要坦然面对孩子做性游戏的这种行为，积极地引导和帮助孩子。

第六，要为孩子的性游戏规定底线。做任何事情都应该有最低的限度，孩子之间做性游戏也是如此。正常的性游戏应该具备两个特点，第一个特点就是孩子做性游戏可以当着成人的面进行，而不会刻意地避开成人。第二个特点是孩子进行性游戏，只是一种游戏活动，而并不是对成人之间的性及相关的性产物进行模拟和模仿，否则孩子的性游戏就会改变本质。对于那些非正常的性游戏，不管是父母还是老师，一旦发现孩子做出出格的举动，一定要及时制止。当然，在此过程中，不管是父母还是老师，都要尊重孩子的隐私，对孩子进行隐私保护，而不要把孩子的隐私公之于众，对孩子造成不必要的伤害。不管老师和父母采取怎样的方式教育孩子，目的都是希望孩子能够更健康快乐地成长，要始终牢记这个初心，才能够实现最终的目的。

世界充满了奥妙，人的生命也是非常神奇的，当孩子对于生命的探索越来越深入，他们对于性的接触也就会更加频繁。在孩子成长的过程中，父母切勿对性这个问题谈虎色变，而是要以正确的态度提起性的问题，对孩子进行性知识的普及教育，这样才能够让孩子更加健康快乐地成长。

第 04 章
6 岁孩子的心智能力——什么都想自己亲手试一试

很多父母都惊讶地发现，6岁的孩子并不像小时候那样想要从父母那里得到帮助。反之，他们想要依靠自身的力量做好很多事情，有的时候即使父母主动提供帮助，他们也会拒绝。这是为什么呢？因为6岁的孩子正处于心智快速发展的过程中，所以他们很想要亲身实践，也很乐意做好一切。父母要给孩子更多的机会亲自尝试，这样才能满足孩子的好奇心，也才能让孩子身心快速发展和成长。

看着孩子笨手笨脚做事情

孩子并非一出生就掌握了很多技能，能够做很多事情。如今，大多数家庭里都只有一个孩子，父母往往会全心全意地照顾孩子，事无巨细地为孩子代劳。很多时候，孩子已经长大了，父母却依然把孩子当成小小的幼儿对待，无视孩子能力的增强。这样一来，孩子的能力发展就会受到限制，随着不断成长反而越来越笨手笨脚，非常笨拙。

什么才是真正的爱呢？俗话说："父母之爱孩子，则为孩子计深远。"真正热爱孩子、挚爱孩子的父母，不会剥夺孩子进行各种尝试、发展各种能力的机会。他们会给孩子更多的机会去做各种各样的事情，哪怕孩子一开始做得不好，他们也会鼓励孩子积极地进行尝试，鼓励孩子战胜失败和沮丧，再次勇敢地超越和挑战自己。在此过程中，父母一定不要急于为孩子做各种事情，而是能够耐心地看着孩子去尝试和去做。作为父母，要知道，哪怕父母再爱孩子，也不可能代替孩子去成长。所以父母一定要尊重孩子的成长，也要给予孩子机会亲自经历成长。

有人说，只有"懒惰"的妈妈才能教出勤快的孩子，其实这句话是非常有道理的。过于勤快的妈妈事无巨细地都为孩子代劳，那么孩子就没有机会亲自去做，也就不知道自己哪方面的能力发展得好，哪些方面的能力还需要继续提升。而"懒惰"的妈妈看到孩子笨手笨脚地去做，能够忍住自己要去帮助孩子做的冲动，这样一来，孩子就会在不断尝试的过程中持续地提升能力，也会有更好的成长表现。

最近，娜娜就要上一年级了，为了帮助娜娜学会自己照顾自己，妈妈从一个勤快的妈妈变成了一个"懒惰"的妈妈。

以前，每天早晨，妈妈都帮助娜娜穿衣服，但是现在妈妈不再帮助了。她对娜娜说："从现在开始，你要学会给自己穿衣服！"听到妈妈这么说，娜娜感到非常发愁："可是，我不会穿衣服呀，我只会穿袜子。"妈妈说："你不会穿衣服没有关系，穿衣服就和穿袜子一样，只不过衣服比袜子更大一点。你只要耐心地穿，一定能够穿得非常好。你放心，在你刚开始独立穿衣服的时候，妈妈会在一旁指导你的。"娜娜感到很纳闷："你都在一旁指导我了，为什么不直接帮我穿呢？"妈妈语重心长地对娜娜说："如果妈妈一直帮你穿衣服，那么你到10岁可能还是不能独立穿衣服。如果妈妈耐心地指导你穿衣服，那么我保证只要一个星期，你就能熟练地为自己穿衣服，而且穿得又快又好。"听了妈妈的话，娜娜半信半疑："这是真的吗？"妈妈郑重其事地向娜娜保证："这是真的，我可以向你保证！"

在妈妈的保证之下，娜娜开始尝试着自己穿衣服。一开

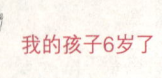

始，她常常把衣服穿反了，把裤子穿倒了。但是随着时间的流逝，才几天过去，她就把衣服穿得整齐，虽然速度还不够快，但是衣服的方向都是正确的。妈妈鼓励娜娜说："你看看，你的进步可真大呀！你只要再坚持练习，一个星期就能穿得又快又好。相信到时候你会把自己打扮得非常漂亮！"娜娜是个爱美的小女孩，听到妈妈这么说，她对穿衣服的热情空前高涨。果然又过去了一个星期，每天早晨，娜娜再也不用妈妈帮忙了。听到闹铃响了，她就会醒来，躺在床上清醒片刻，就坐起来迅速地穿好衣服，自己洗漱完之后，到客厅里来吃妈妈准备

好的美味早餐。

　　看到别人家的孩子什么事情都会做，而且都做得非常好，父母们往往非常羡慕。其实，父母要做的不仅仅是羡慕，而是反思，因为别人家的孩子不是天生就会做各种事情的。作为父母，要明白一点，自己家的孩子也不是天生就什么都不会做的。父母应该看到在孩子不同的人生表现背后隐藏着父母对孩子不同的教育方式，所以父母要想教育出优秀的孩子，首先要端正自己教育孩子的态度，给孩子机会去独立。而后，在孩子笨手笨脚地做很多事情的时候，父母切勿着急地为孩子代劳。有些父母是因为心疼孩子而为孩子代劳，也有些父母是不想让孩子给自己添麻烦，生怕孩子把事情搞砸了。如果父母不给孩子机会去把事情搞砸，孩子又如何能够把事情做得漂亮呢？最后，哪怕孩子向父母求助，父母也不要急于帮助孩子，而是要引导和鼓励孩子坚持自己去做。父母只有坚持做到以上这几点，孩子才会有更加优秀的表现。

不要过度保护孩子

　　一个周末，娜娜在家里看完了动画片，就搬起了一个小板凳。原来，她想玩玩具架子最上层的芭比娃娃，但是她够不着玩具最上层，所以她思来想去，只好搬来一个小板凳，想踩在

板凳上够到玩具。因为是周末，所以爸爸正好在家。看到娜娜笨手笨脚的样子，爸爸赶紧把最上层的芭比娃娃拿了下来，这个时候，娜娜刚刚站上板凳，还没来得及抬起胳膊去够芭比娃娃呢。爸爸拿着芭比娃娃对娜娜说："你是要玩芭比娃娃吗？给你！"没想到，爸爸好心帮忙却办了坏事，听了爸爸的话，娜娜伤心地哭起来："我要自己拿芭比娃娃，你把芭比娃娃放回去！"

看到娜娜的反应，爸爸觉得又好气又好笑："你这个孩子才这么矮，怎么能够到最上层的芭比娃娃呢？我好心好意帮你，你反而生气！"听了爸爸的话，妈妈当即批评爸爸："孩子已经想出了办法，端着小板凳想要够着芭比娃娃，你不让她尝试，剥夺了她尝试的机会，她当然会非常生气了。你这么做，还伤害了她的自尊心呢！她原本以为自己可以把这件事情做得很好，你却让她没有机会去表现出自己的能力。"听完妈妈的话，爸爸有些丈二和尚摸不着头脑，呆呆地站在原地。

现实生活中，很多父母都担心孩子出现安全问题，所以，每当觉察到孩子有什么需求而无法凭借自身的力量获得满足的时候，他们就会当即上去给孩子帮忙。殊不知，父母这种过度保护的行为会损害孩子的自尊心，非但不能让孩子感受到来自父母的关爱，反而会给孩子一个非常残忍的暗示，仿佛是在告诉孩子：你不行！你做不到！这是对孩子的否定，也是对孩子的伤害。孩子如果自尊心受到伤害，就会非常沮丧地哭闹，甚至会任性地拒绝父母的帮助，就像示例中的娜娜一样。娜娜之所以要求爸爸把玩具再放回到原来的地方，就是在拒绝爸爸的帮助。

6岁的孩子独立意识越来越强，他们喜欢做力所能及的事情，喜欢做自己喜欢的事情。例如，他们喜欢借助于各种工具拿到高处的玩具，他们喜欢在野外玩耍的时候采摘各种美丽的鲜花。实际上，对于孩子来讲，重要的不是事情的结果，而是做事情的过程，因为只有在做事情的过程中，他们才能探索外部的世界，也才能够认识和验证自身的力量，这会使他们更加自尊、自信，更加开心、快乐。

父母在给孩子关爱的时候，一定要斟酌孩子是否真的需要我们的关爱，如果我们的关爱变成了对孩子的横加干涉，那么就会引起孩子的反感。要知道，6岁的孩子已经正式走向独立，他们开始探索外部的世界，他们希望自己更少地依赖父母，能够做好更多的事情。当然，在渐渐脱离父母的过程中，他们也许会遭受很多挫折和磨难，他们会感到有些信心不足，不过没关系，因为他们会继续探索，勇敢尝试，最终他们会在成功之后获得成就感，感到非常自信。

父母帮助孩子应该坚持几个原则。

首先，要确定孩子是否真的需要帮助。很多孩子都特别依赖父母，不管做什么事情，都要求父母帮助他们达成目的。对于这样的孩子，父母更是要减少对他们的帮助，鼓励他们亲自

去尝试和创造。有些孩子本身是非常要强的,他们希望自己能够做到很多事情,所以不想得到父母的帮助。在这种情况下,父母可以在保证孩子安全的情况下,默默地在一旁看着孩子的举动,而无须过于着急地帮助孩子。

其次,父母保护孩子的心情是可以理解的,但是并非所有的事情都会引起严重的后果,只要孩子所做的事情不是危险的,也不会引起无可挽回的后果。那么,父母与其为孩子防患于未然,还不如让孩子自己去撞南墙。父母说教多少句也赶不上孩子亲自去做一次,孩子只有亲身的实践才能够得到更多的经验,才能够得到深刻的教训。

再次,父母要为孩子明确做事情的原则和底线。很多孩子不知道做事情应该到什么样的程度,那么父母应该教会孩子,有些事情是绝对不能做的,有些事情是父母会支持他们去做的。例如,那些损人利己的事情是绝对不能做的,如果一件事情对自己和他人都有利,那么就是可以去做的。很多事情没有发生,父母也就无法事无巨细地告诉孩子,所以父母尽管不能盲目地帮助孩子,也还是要时刻监管着孩子,这样一来就可以意识到自己应该告诉孩子哪些事情,从而帮助孩子明确行为的界限。

最后,培养孩子的安全意识,告诉孩子如何保护自己。孩子在离开父母渐渐走向独立的过程中,会遇到各种危险的情况,父母要培养孩子的安全意识,教会孩子自我保护的方法。相信孩子在掌握了这些方法之后，能够更好地保护自己，得到父母放手的他们还能扩大活动的半径，也可以在更大的范围内做很多的事情，从而验证自己的能力，增强自己的信心。

总而言之，父母不可能始终陪伴在孩子的身边，也不可能凡事都为孩子代劳。明智的父母会学着对孩子放手，会给孩子更多的机会去勇敢地尝试。在尝试的过程中，孩子会有更好的表现，哪怕孩子在此过程中受到了伤害也没关系，因为这是成长必然的经历。父母面对孩子的成长要摆正心态，也要给予孩子更多的机会去创造生命的奇迹。

培养孩子自己的事情自己干

最近，幼儿园要举行开放日活动，爸爸妈妈经过商议，决定由妈妈去参加幼儿园的开放日，参观娜娜在幼儿园里的生活。

开放日到了，大清早，妈妈就带着娜娜来到幼儿园。到了幼儿园之后，妈妈站在一旁观察娜娜的活动，她对娜娜说："娜娜，你要当妈妈没有在旁边，和平时一样在幼儿园里嬉笑玩闹、吃东西、上课、做作业，好不好？"娜娜很开心地点点头。就这样，妈妈一直在一旁以观察者的身份观察着娜娜的表现，也留意着老师对孩子们的照顾。和娜娜妈妈的表现截然不同，其他的很多家长都在为孩子做各种各样的服务，例如，孩

我的孩子6岁了

子正在高兴地玩游戏，家长看到孩子可能会摔倒，马上就会提醒孩子；孩子正在和同学一起玩，并没有发生危险，家长也会走过去干涉。妈妈心想：这样的幼儿园开放日，父母并不能看到孩子真实的状态，其实父母应该更加旁观一些，而不要把自己融入孩子的幼儿园生活中。

半天的生活很快就过去了，到了吃午饭的时候，孩子们和以往一样，坐在教室里等着老师分发饭菜。这个时候，秩序就更加混乱了。娜娜一直乖乖地坐在那里等着老师发饭菜，但是娜娜同桌的爸爸却非常不淡定，看到老师发了烤鸡翅，他马上对老师说："我们家孩子吃得多，可以多给我们两个。"老师说："这些鸡翅都是每个孩子限量的，饭是可以随便吃的，菜也是可以随便吃的，所以孩子如果没吃饱，还可以再添加饭菜。"那位爸爸生气地说："这样怎么可能呢？孩子应该想吃多少就给吃多少，鸡翅贵就不给孩子多吃，这不是限制孩子么！"老师对于爸爸的不满非常无语，后来，这位爸爸看到孩子很喜欢吃薯条蘸番茄酱，索性拿着孩子们放垃圾的大餐盘去挤了半盘的番茄酱过来，结果孩子只吃了几口就不吃了。老师说："其实，孩子可以自己要更多的食物来吃，平时孩子都是不够吃，就和老师要。"听到老师委婉的说法，那位爸爸的脸都红了。

很多父母都生怕孩子在幼儿园里吃亏，受到小朋友的欺负，或者吃饭的时候不能吃饱，因而在幼儿园开放日的时候，他们并不能以旁观者的姿态旁观孩子的幼儿园生活，而是常常对孩子指手划脚，甚至恨不得直接介入孩子的幼儿园生活。对于家长这样的表现，孩子们并不能完全适应，老师们也会受到很大的干扰。

在最初进入幼儿园的时候，不是幼儿离不开父母，而是很多父母都离不开幼儿。如今，孩子已经6岁了，进入幼儿园大班，已经具备了照顾自己的能力。而且经过三年的幼儿园生活，他们在很多方面也都建立了秩序。在这种情况下，父母参加幼儿园开放日的活动，应该让孩子自己完成自己的事情，例如，孩子平日在幼儿园就是独立如厕的，父母即使来参观孩子的幼儿园生活，也不要帮助孩子脱裤子如厕。尤其是在吃饭的时候，孩子们已经形成了一定的秩序，父母如果横加干涉，就会扰乱幼儿园正常的秩序。

如今，大多数家庭里都只有一个孩子，所以父母往往会对孩子疼爱有加，却不知道当父母凡事为孩子代劳，就会限制孩子的能力发展，使孩子不能快速成长。明智的父母不会代替孩子去做所有的事情，而是会培养孩子自己的事情自己干，这是因为孩子的能力需要在实践过程中才能得到锻炼，孩子的成长也需要不断丰富的人生经验作为支撑。

要想培养孩子的能力，除了要给孩子更多的机会做自己的事情之外，还要为孩子创造机会，锻炼孩子的能力。当孩子能够独立做事情的时候，父母要对他们表示支持，如果孩子向父

母求助，那么，父母就要斟酌孩子所求助的事项是否真的超出了他们的能力范围。如果父母认为孩子有能力完成这件事情，那么就要多多鼓励孩子独立完成；如果父母认为孩子的确没有能力完成相应的工作，那么就应该对孩子提供一些辅助的力量，这样才有助于培养孩子的独立自主性，也让孩子越来越独立坚强，越来越能干。

不要过于限制孩子

哲哲是一个非常胆小的孩子，他不管做什么事情，都要征求爸爸妈妈的同意。从小，他就和妈妈一起长大，妈妈对他照顾得无微不至，从来没有让他受到任何伤害。所以哲哲虽然已经6岁了，进入幼儿园大班开始学习和生活，为进入小学一年级的学习做好准备，但他还是非常胆怯，不管做什么事情都要询问老师。有的时候，老师明明给哲哲一定的权利，希望哲哲能够独立自主地做出选择和决定，但哲哲还是非常畏缩。

看到哲哲这样的表现，老师联系了哲哲的妈妈，说："哲哲妈妈，哲哲非常胆小，是不是你们平日里对他的管教过多了呢？"听到老师的提问，妈妈感到很纳闷，说："平时，我们会尽量给孩子创造好的条件，也会提醒他注意一些安全问题，倒是没有太多地限制他。"妈妈正在和老师说话,看到哲哲在幼儿园里开始攀岩,这个时候,妈妈马上把头转向哲哲,冲着哲哲喊道:"要小心啊!这个项目很危险,玩其他的项目,好不好?"妈妈话音刚落,老师一本正经地对妈妈说:"哲哲妈妈,你这就是在干涉孩子!我费了很大的力气才鼓励哲哲勇敢地攀岩,其实你也可以看到,这个项目的安全措施还是很到位的,孩子不会有危险。但是您这么一说,哲哲就会又感到非常害怕,您看,他已经放弃了这个项目去玩其他的项目了。孩子在成长过程中一定会遇到各种挑战,如果父母过于保护他们,过于限制他们,不给他们自由尝试的机会,那么他们就会越来越胆小,越来越怯懦。我希望您能够鼓励他尝试这个项目,我希望他变成一个勇敢坚强的男孩。"

老师的一番话让妈妈感到很羞愧,她说:"的确如此,我总是担心他受到伤害,所以会对他有很多限制,不过我觉得这都是在保护他。经过您的一番解释,我才意识到这可能就是在限制他。以后我会多多鼓励他的,我也希望哲哲能够变得勇敢起来。"

很多父母一直在限制孩子,但是他们自己却并不知道,因而不承认自己是在限制孩子。实际上,对于孩子来说,他们的人生才刚刚开始,世界对他们是陌生而又充满吸引力的,他们有着强烈的好奇心,很想洞察世界的真相,很想深入地了解这个世界。在这种情况下,父母当然要多多鼓励和支持孩子,尤

我的孩子6岁了

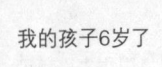

其是在孩子受到伤害或者产生畏难情绪的时候，父母不要批评和否定孩子，而是要鼓励孩子勇于尝试，这样孩子将来才能更加勇敢，无畏向前。

具体来说，给孩子自由，要做到哪些方面呢？

首先，父母要做好孩子的安全教育工作，只有这样，孩子才会具有安全意识，能够在各种情况下保护好自己。对于6岁的孩子来说，要教会孩子不与陌生人走得太过亲近，也不与陌生人一起离开，还要教会孩子如何正确地过马路，如何避开水电煤气等危险的物品。这样一来，孩子在自由的环境中才能够更加安全。

其次，父母不要总是限制孩子。除了那些会危及孩子生命安全的项目，父母要在一旁陪伴孩子或者做好保护工作之外，对于很多普通的事情，父母都要鼓励孩子多多尝试。所谓吃一堑长一智，有的时候孩子的确会因为尝试而受到伤害，但是他们却也会因此而增长经验，这恰恰是孩子成长中必然的历程，是不可缺少的人生经历。

再次，父母给孩子的自由，要根据孩子的能力给出相应的自由范围。所谓的自由并不是绝对的自由。在这个世界上，根本没有绝对的自由。自由，是在一定范围条件内的自由。例如孩子可以在家中自由地活动，但是如果在公开的场所里，就只能在父母的视线范围内自由地活动，接受父母的监管。这样一来，父母就能保证孩子的安全。当然，随着孩子各方面能力的不断提升，父母给孩子的自由的范围也要不断扩大。唯有如此，才能够让孩子不断成长。很多喜欢养花的朋友都知道，刚刚带回家的小花只需要种在小盆里。如果要想让花长得更大，那么随着花卉不断地成长，就要把小盆换成大盆，这样才能够给花卉提供充足的养分。随着孩子的成长，给孩子不同限度的自由，也就相当于是在给成长中的孩子换盆，这对孩子的成长是非常有利的。

最后，要为孩子明确行为边界。有些孩子之所以无法无天，是因为他们心中无所畏惧，也是因为他们没有行为的边界。父母在给孩子自由的同时，要为孩子明确行为的边界，这样一来，孩子就知道哪些事情是可以做的，哪些事情是不可以做的，从而形成自我控制的能力，让自己的行为保持在合理的范围内，这对孩子而言是非常重要的。当然，在日常的生活中，父母也要给孩子做好示范，告诉孩子哪些事情可以做，哪些事情不可以做，并且用亲身的示范告诉孩子，要遵守社会上的各种规则。只有在规则的范围内，孩子才能够享受最大限度的自由。

总而言之，不管是在社会上还是在家庭生活中，都没有人能够享受绝对的自由。每个人的自由都是相对的自由，都要在遵守社会规则和秩序的前提下，才能够拥有。孩子也要明白这个道理，才能够让自由发挥伟大的力量。

让孩子独立解决困难

周末的时候，妈妈带哲哲去商场里玩，因为哲哲贪玩商场里的滑梯，所以不小心和妈妈走散了。其实他不知道，妈妈就在不远处观察着他呢。哲哲从来没有遇到过这样的情况，这可怎么办呢？一开始他急得直掉眼泪，但是他突然想起妈妈说的话——在遇到危险的时候，要找可靠的人获得帮助，要能够自己保护自己。所以他擦干净眼泪，赶紧走到服务台。他还没有服务台高呢，必须踮起脚尖才能看到服务台里的阿姨。妈妈远远地听到哲哲问阿姨："阿姨，我找不到我妈妈了，您可以帮我播放寻找妈妈的广播吗？"阿姨看到哲哲孤身一人，知道哲哲肯定和家人走散了，很快给哲哲播放了广播，并且询问了哲哲妈妈的电话。听到广播里传来哲哲的声音，妈妈感到非常欣慰：哲哲终于能够在面对困难的时候自主地想办法解决难题啦！

现代社会，大多数家庭里都只有一个孩子，不管是父母还是爷爷奶奶、姥姥姥爷等长辈，都会给予孩子无微不至的关爱。渐渐地，孩子就会越来越骄纵，各方面的能力也不能得到全面的发展。在教育孩子的过程中，父母要有意识地培养孩子独立解决困难的能力，这是因为父母不可能永远跟在孩子身后，为孩子提供保护，成为孩子的后盾。总有一天，孩子要长大，离开父母的身边，独自面对社会，独自面对生活，独自解决难题，与其让孩子在父母老去，没有能力继续为他提供庇护的时候，仓皇失措地面对残酷的现实生活，不如早早地锻炼孩子独立解决困难的能力，这样孩子才能增强自信，增强内心的力量，从而让自己全力以赴地做好该做的事情，也迎难而上地面对成长过程中的各种困难。

要想培养孩子独立解决困难的能力，父母应做到以下几点。

首先，父母要让孩子自己的事情自己做。如果孩子对于自己的事情都不能力所能及地去做，那么又如何能够独立解决困

难呢？

其次，当孩子遇到难题的时候，父母不要大包大揽，更不要代替孩子去解决难题。例如，孩子在学习的过程中遇到难题，父母往往会直接告诉孩子答案，这么做只会让孩子产生依赖心理。明智的父母会引导孩子进行思考，也会教会孩子如何运用各种工具去解决问题，而不会代替孩子去解决问题。对于生活中的困难更是如此。俗话说，人生不如意十之八九，每个人的人生都不可能是十全十美的，更不可能是完全顺心如意的，所以父母要教会孩子面对难题，解决难题。

在必要的时候，父母要为孩子提供帮助。有的时候，孩子是因为力所不能及而无法解决难题，那么父母就要为孩子提供辅助的条件，给孩子提供有效的帮助。这样孩子才能感受到来自父母的力量，也会增强信心。

最后，没有机会要创造机会，循序渐进地锻炼和提升孩子独立解决困难的能力。孩子解决困难的能力并不是天生的，尤其是独立性，更是需要后天渐渐培养起来的。父母在给孩子设置难题的时候，需要注意不要给孩子过于简单的题目去解决，这会没有挑战性。也不要给孩子太难的问题去解决，这会让孩子产生畏难情绪。应该给孩子那些经过努力能够解决的难题，这样孩子在解决难题的过程中会努力地提升自身的能力，也全面地提升自己的水平，从而快速进步和成长。

总而言之，孩子的成长是一个漫长的过程，不可能一蹴而就地实现。父母对待孩子的成长要有足够的耐心,要相信孩子是可以做到的。父母只有把信心传递给孩子,孩子才能信心倍增,这对来自孩子的成长而言是非常重要的。

第 05 章

6 岁孩子的人际交往——你的支持是最好的鼓励

6岁孩子的人际交往会发生一些微小的改变，这是因为他们正在经历从幼儿园到小学的过渡。在幼儿园里，孩子们主要是跟随老师养成一些良好的学习和生活习惯，与同伴之间的关系也会比较宽松。但是在进入小学之后，老师对于孩子们的把控会更加放松，所以孩子们需要学会与同学交往，也要学会与老师交往，因而6岁孩子的人际交往很需要得到父母的支持和帮助。

我的孩子6岁了

积极参加班级活动，快速融入集体

最初进入一年级的时候，孩子虽然还小，但是也已经正式成为了一名小学成员。从之前只在家庭生活中，作为家庭生活的核心人物，得到所有人的关爱，到成为一名小学成员，融入班集体之中，孩子还是需要一定的时间去适应的，也需要进行心理调整，才能够更好地与同学和老师相处。

进入小学阶段之后，孩子们并不会像在幼儿园里那样得到老师无微不至的照顾，而是需要做一个独立的生命个体，经常积极地参加学校里、班级里举行的各种活动，这样才能够与同学之间有良好的互动。很多父母都不希望孩子参加太多的学校和班级活动，觉得这样会浪费学习的时间，而且也会受到伤害。他们只想让孩子当一个旁观者，看着别人在活动中非常踊跃的表现，殊不知这样的做法是错误的。因为对于孩子而言，如果只是成为集体活动的一名观众，那么他就永远无法真正地融入集体。明智的父母知道，一定要积极地鼓励孩子参加班级活动，这样才能够让孩子在活动的过程中形成一定的技能，也才能够让孩子的表现越来越好。

6岁的孩子急迫地需要培养人际交往能力和社交能力，让孩子参加学校的集体活动，就是发展人际交往能力和社交能力的最好途径。在学校生活中，在集体活动中，孩子们接触的并不是陌生人，而是自己熟悉的老师和同学，在此过程中，他即使某些地方做得不够好，也可以得到老师和同学的帮助。所以，如果父母对于孩子参加学校的集体活动都不放心，那么当孩子走入社会，父母就会更不放心。要知道，孩子将来总是要走上社会的，孩子各方面的能力并不是与生俱来的，而是在成长的过程中渐渐形成的，所以父母在得知学校有各种集体活动的时候，一定要积极地鼓励孩子，哪怕孩子并不想参加，父母也要想方设法地说服孩子参加。细心的父母会发现，那些表现出类拔萃的孩子都是在学校中能够积极参加活动的孩子，相反，那些表现平平、默默无闻的孩子都是对于集体活动并不热衷的孩子。当然，一味地强迫孩子参加学校的集体活动，并不能从根本上改变孩子的性格。父母要意识到，如果强制孩子参加集体活动，孩子并不会表现得很好。所以从根本上来说，父母应该更加关注孩子的心理状态，引导孩子敞开心扉接纳学校，也让孩子成为班级里最热心的一员，这样孩子才能够真心地想要参加集体活动，也才愿意发挥自己的十八般武艺，融入集体活动，为集体贡献出一份力量。

小华是一个乖巧可爱的女孩，学习成绩非常好，但是她在班级活动中从来不会表现得非常踊跃，而常常作为一个旁观者，躲在角落里默默地看着其他同学在一起狂欢。有一次，班级里举行开放日活动，妈妈在去班级参观的时候，发现小华在课堂上并不踊跃回答老师的问题，而且在课间的时候也并不和同学们一起玩耍。尤其是到开放日的最后环节，需要同学们互相配合进行拔河比赛，小华却宁愿当一个看客，也不想加入任何一方的团队，这让妈妈感到非常担忧。在此之前，妈妈并不知道小华在学校里是这样生活的。参加完学校开放日之后，小华妈妈特意跟老师进行了沟通，原来，小华在平日里就是这样，非常孤独，很不合群。这可怎么办呢？妈妈感到非常发愁。

回到家里，妈妈把小华在学校里的表现告诉了爸爸，爸爸说："看来她还是没有融入同学们啊！以后再有集体活动，咱们不要因为担心她受伤害，就禁止她参加各种项目，否则孩子未来还有很长的时间都要和同学一起度过，即使将来走上社会也要和同事们相处，这样不合群可不行啊！"

很快，爸爸妈妈鼓励小华的机会就来了。学校里要举行运动会，老师要求每个孩子都要报名参加一个项目。原本小华想和往常一样只当看客，但是这次老师提出了这种要求，小华就只能勉为其难地选择一个项目去报名。小华选择的是竞技性不那么强的项目，但是爸爸建议小华报名参加跳绳比赛，因为跳绳比赛的时候，周围会围绕着很多同学当啦啦队，最重要的是小华非常擅长跳绳。在班级里，小华的跳绳成绩是最好的。对于爸爸的建议，小华不停地摇头，她说："这也太张扬了吧！"爸爸笑起来："小华，孩子就应该张扬啊，这不仅是张扬，还能为班级争夺荣誉呢！如果你不借助于这个机会为班级夺得荣誉的话,同学们怎么会更加关注你呢?爸爸相信你的跳绳能力,一定能够夺得名次。就算不能夺得名次,当你听到同学们在为你加油的时候,你也会感到非常激动。你相信我,试一试,好不好?"在爸爸苦口婆心地劝说下,小华终于决定参加跳绳比赛。

比赛当天下午,小华回到家里,小脸红扑扑的,满脸都写满了喜悦。还没来得及进家门呢,她就对爸爸喊道:"爸爸,我跳绳比赛得了全校第二名!"爸爸冲过来对小华竖起了大拇指,把小华抱在怀里转了好几圈。他说:"我就知道我的女儿是最棒的!大家是不是都称赞你呀?"小华高兴地点点头说:"有好几个同学为了给我喊加油,把嗓子都喊哑了呢!"爸爸

说:"哎哟,那可真是太给力了!等到他们参加比赛的时候,你也要声嘶力竭地为他们喊加油啊!"小华点点头,高兴地说:"以后我要多多参加班级的比赛,今天,我发现同学们简直太可爱了!"

孩子如果习惯了一种孤僻的人际交往模式,就会让自己像蜗牛一样藏在壳里,而不愿探出头去看看外面精彩纷呈的世界。如果孩子终于打开心扉,了解了世界的精彩,那么他们对于同学的真诚和热情就会有切身的感受,也就更愿意与同学们密切地相处和交往。

事例中的小华就是如此。在参加学校的跳绳比赛之前,她只想默默无闻,不想引起任何人的注意。但是在爸爸的说服下,她参加跳绳比赛之后才意识到,原来同学们都是非常热情的,她也很愿意在同学们面前展示她的能力。就这样,小华以此为契机融入了班集体,此后每当班级里有什么活动,小华都很踊跃地参加,哪怕她并不擅长这项活动,她也会成为最热情的啦啦队员。渐渐地,小华与几个同学建立了良好的关系,成为了无话不谈的朋友。爸爸妈妈相信她未来的小学生活一定会非常充实愉快地度过。

有些父母感到奇怪:孩子们学习很辛苦,应该愿意参加各种精彩纷呈的活动,那么为什么当班级或者学校里有活动的时候,他们不愿意参加呢?综合起来有以下四种原因。

首先,是孩子的性格原因导致的。有些孩子天生非常胆小怯懦，也很内向，不愿与人沟通。在这样的情况下，在有活动的时候，他们并不想在同学们面前展示自己的能力，因为他们害怕成为同学们关注的焦点。这种内向的性格通常都是因为遗传而得来的，很难真正地从本质上改变，所以父母要多多鼓励孩子参加班集体活动，让孩子能够打开关闭的心扉，也把内向、沉稳、沉默的性格变得外向开朗一些。

其次，孩子在家庭生活中得到了过于好的保护，特别依赖父母或者其他的长辈。他们在家里是不折不扣的小皇帝、小祖宗，他们很排斥去学校，是因为他们在学校里不能得到在家庭中的特殊对待。在学校里，孩子失去了在家庭生活中一直以来拥有的优越感，他们会对其他同学感到非常陌生，也会有意识地疏远其他同学。尤其是在进行集体活动的时候，他们甚至会产生自己被淹没在集体之中的感觉，就会更加郁郁寡欢。

再次，孩子还没有掌握社会交往的技巧，也不懂得如何与他人建立良好的关系。很多父母都很关注孩子的学习，也会想方设法地为孩子提供最均衡的营养，让孩子身体能够快速茁壮地成长。但是他们却没想到孩子不可能永远在家庭生活中得到家庭成员的关爱，他们终有一天会长大，要走出家门，走入学校，要与老师和同学接触，也要和形形色色的人打交道。如果父母并不注重孩子的交往，那么孩子在将来有朝一日走出家门的时候就不知道如何与人进行交往。很多孩子看到陌生人就特别害羞，甚至紧张得说不出话来，这就是他们在人际交往方面存在的障碍。如果孩子在面对人群的时候总是这样尴尬和难堪，那么他们渐渐地就会不愿意参加集体活动，也会故意地逃避集体活动。

最后，孩子在学校里曾经发生过不开心的事情。孩子的心灵是非常稚嫩的，他们的心理承受能力有限，如果在参加集体活动的时候有了不开心的事情，给他们留下了糟糕的印象，他们就会舍弃参加集体活动。每当发生这样的情况，父母要及时了解孩子在集体中活动中的表现，也要知道孩子心里的真实想法。越是在孩子感到艰难的时候，父母越是要鼓励孩子多与同学交往，也要积极地融入集体生活中，这样孩子才能够改变孤僻的性格，才能够忘记曾经不快的经历，从而更加全身心地投入到集体活动中。

必要的时候，父母还可以创造一些条件，让孩子多多与同学交往，多多参与集体活动。例如，要培养孩子发展自己的兴趣爱好。那些有才艺的孩子最喜欢在集体活动中展示自己的才艺，那么如果孩子什么都不擅长，就不能积极地展示自己的才艺，就不愿意参加集体活动。此外，还可以带着孩子参加一些非学校的集体活动让孩子感受到在集体活动中获得的快乐。当然最好的办法是让孩子结交一些好朋友。在参加集体活动的时候，孩子可以和好朋友组成小分队，互相支持和鼓励。这样一来，孩子就会动力十足。

总而言之，孩子不可能永远留在家庭中，也不可能永远活在自己的世界里。每个人都要打开心扉接纳他人，每个人都要真正地融入这个世界，才能够快速地成长，才能够拥有更快乐的童年。

教会孩子控制情绪

如今，有很多孩子的脾气都非常火爆，也许前一刻还是笑眯眯的，心平气和，后一刻却突然狂风骤雨地发起脾气来，根本无法控制自己。很多父母看到孩子的小脾气来得这么快，都会觉得很尴尬，不知道孩子为什么总是爱生气。其实，现代社会中，这样的孩子并不少见，这是因为大多数孩子在家庭生活中都被父母和长辈娇纵和宠溺，而在面对同学的时候，他们不能得到和在家庭生活中一样的特殊待遇。尤其是老师，对每个同学都一视同仁，所以孩子们就会感到非常失落。稍有不满意，他们就会发起脾气来，这是他们内心脆弱的表现。但是对于人际交往而言，没有人愿意和坏脾气的人交往，也没有人愿意容忍他人的坏脾气，所以那些坏脾气的孩子往往缺少朋友，非常孤独和寂寞。

还有一些小朋友在家里欺负人欺负惯了，进入学校之后还想像以前那样欺负人，而且一旦有不满意，还会生气地动手动脚，对他人大打出手。特别是对于6岁的孩子而言，从幼儿园

到小学生活的转变，让他们的心理需要适应。在这种情况下，很多一年级的孩子都会发生打架斗殴的现象，根本原因就在于孩子们都非常任性，都以自我为中心，而不懂得谦虚忍让。实际上，对于孩子而言，自从进入一年级，就算真正开始了集体生活，但要想营造融洽和谐的集体氛围，每个孩子都要互相谦虚和礼让。有些孩子还会非常自我，他们不愿意融入集体生活中，在与同学相处的时候，常常会发生各种各样的矛盾。这会使得他们感到非常痛苦。为了帮助孩子更好地适应一年级的生活，也为了帮助孩子更好地融入集体之中，父母要教会孩子控制情绪。

首先，父母要帮助孩子认识自身的情绪。很多孩子在情绪发生的时候都会感到非常害怕，这是因为他们不知道情绪是如何产生的，也不知道怎样才能控制情绪。只有深入地了解情绪，让孩子知道情绪的产生是完全自然的，孩子对情绪才能够怀着平静的态度，也才能够从理性的角度去认知情绪。

其次，父母要以身作则。在家庭教育中，父母不要随便对孩子发脾气。父母是孩子的第一任老师，对孩子的影响力是非常大的，而且父母每天都与孩子朝夕相处，所以对于父母无意间做出来的言行举止，孩子都会深刻地记在心里，在无形中就受到父母很大的影响。作为父母，不要总是对孩子颐指气使，也不要对孩子居高临下，特别是在孩子犯错误的时候，哪怕父母知道孩子犯了很大的错误，也不要声嘶力竭地训斥孩子。如果父母让孩子形成了误解,觉得只有发脾气才能解决问题,那么孩子就会成为一个爱发脾气的人。父母要平静地面对孩子的错误,要采取积极的态度帮助孩子改正错误,尤其是要让孩子明白一点,那就是发脾气并不能解决任何问题,反而还有可能使现状变得更加糟糕。让孩子有一颗宽容博大的胸怀,让孩子对这个世界怀着宽容的态度,孩子才会领悟到为人处事的智慧。

再次,要让孩子学会控制自己的情绪。控制情绪的方法有很多,例如,在情绪到达巅峰状态,甚至即将失去理智的时候,可以按下情绪的暂停键,或者让孩子暂时离开让自己情绪失控的情境。这样一来,孩子就能够恢复情绪。父母尤其需要注意,当与孩子之间发生尖锐的亲子冲突或者是不可调和的亲子矛盾时,父母要为孩子做好榜样,不要与孩子针锋相对,让原本可控的事态朝着不可控的方向发展。父母可以离开吵架的现场,或者给孩子一个独立的空间去独处一会儿,让彼此都恢复冷静,这样才能够更好地处理问题。此外,还可以采取转移情绪的办法,让孩子关注其他的事情,暂时把这个令人焦虑或者愤怒的事情放下来,这对于孩子控制情绪也是很有帮助的。

最后,父母要让孩子学会尊重同学,平等对待同学。很多孩子在家庭生活中已经养成了以自我为中心的思维习惯,他们总觉得自己的所有要求都应该得到父母的满足,所以对于父母的付出,他们只知道接受和享受。殊不知,在进入小学阶段之后,没有人会再像父母那样对待孩子。所以孩子要学会与他人

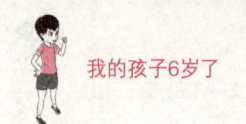

相处，要先尊重他人，平等对待他人，才能得到他人的尊重和平等对待。

6岁的孩子主要是凭着自己的兴趣和需要才接触外界的事物和人，他们在思考问题的时候，也往往会从自我需求的角度出发，根据自己的经验去认知各种问题，根据自己的知识去解决各种问题。6岁的孩子很少会关心他人，在与他人产生矛盾冲突的时候，也很难做到容忍他人，这是因为他们已经习惯了独霸一方。所以在孩子进入小学阶段之前，父母就要有意识地引导孩子学会设身处地地为他人着想，学会宽容忍让，也要在家庭生活中给予孩子正确的引导。此外，为了让孩子更快地适应集体生活，父母还要创造机会让孩子多多与同伴交往，这样孩子才能够真正地体会到争夺与忍让之间是什么样的关系。

现代社会，很多父母都非常关注孩子的学习，在孩子很小的时候，就会送孩子参加各种补习班，甚至有的家长带着几个月的孩子参加亲子班。不得不说，这是揠苗助长的行为。孩子在年幼阶段就应该在玩耍中度过，因为对于他们而言，玩耍就是一种学习，是对他们心智的开发。作为父母，千万不要觉得孩子只有学习这一项任务，实际上先要成为一个健康合格的人，孩子才能发展其他方面的能力。

这天下午，妈妈刚刚午休完准备上班，就接到了班主任老师的电话。原来，琪琪在学校里又和同学打架了，这次又是因为什么呢？妈妈来不及问，赶紧赶往学校。到了老师的办公室里，妈妈看到琪琪和豆豆的脸上都挂了彩，不由得感到又好气又好笑。妈妈生气地问琪琪："琪琪，你为什么又和豆豆打架了？你们俩可是好朋友呀，平时放了学不也经常在一起玩儿吗？"在老师的一番解释下，妈妈才知道，原来豆豆借用了琪琪的橡皮，在还橡皮给琪琪的时候，不小心碰掉了琪琪的铅笔盒，把铅笔盒摔坏了，琪琪就对豆豆大打出手。妈妈蹲下来看着琪琪的眼睛说："琪琪，豆豆并不是故意把你的铅笔盒碰坏的，你能把橡皮借给豆豆用，说明你和豆豆是好朋友，那你为什么不能原谅豆豆无心的错误呢？"琪琪生气地说："这个铅笔盒是爸爸出国的时候给我买的，非常珍贵呢，国内都没有卖的。"妈妈笑起来："琪琪，铅笔盒再珍贵也比不上你的好朋友豆豆珍贵啊！好朋友是一辈子的朋友，铅笔盒本身也会坏掉，你要知道东西是比不上人珍贵的。你有豆豆这样的好朋友，每天都可以陪你一起玩耍，铅笔盒给你带来的快乐可是有限的啊！"

在妈妈的一番劝说下，琪琪终于向豆豆道了歉，豆豆呢，也真心地向琪琪道了歉，他说："琪琪，对不起，你借橡皮给我，我非常开心，但是我却不小心碰掉了你的铅笔盒。如果有机会，我一定让爸爸再买个新的铅笔盒给你。"琪琪也像小大人一样对豆豆说："没关系，不用买了，妈妈说，你带给我的快乐比铅笔盒更多，咱们继续当好朋友，在一起玩耍，好不好？"就这样，琪琪和豆豆和解了。

孩子们之所以很难相处，除了因为他们都以自我为中心之外，也因为他们缺乏尊重他人的意识。当然，孩子并不是与生俱来就会尊重他人的，父母要引导孩子尊重长辈，这样孩子在家庭生活中才能够形成礼貌的观念。此外，有些孩子在家庭生活中经常会和父母、长辈发脾气，而父母和长辈则因为宠溺孩子，并不会严厉地批评孩子，反而会纵容孩子。长此以往，孩子就会变本加厉，那么，有朝一日走出家庭之后，面对其他人，孩子们也不会懂得礼貌，因而导致人际关系恶劣。

情绪是每个人天生就有的，尤其是在生活中，每当面对不同的人和不同的事情，各种情绪就会应运而生。在这种情况下，我们不要总是强求他人的情绪保持平静，而是应该首先调整好自己的情绪。尤其是对于孩子而言，要让孩子们认识到情绪是如何产生的，也要教会孩子控制情绪，更要让孩子掌握一些掌控情绪的技巧，这样孩子才能够成为情绪的主宰，保持平静愉悦的情绪。

称赞孩子懂得分享

人性有很多弱点，自私就是人性最大的弱点之一。每个人都会自私，这是难以避免的，然而那些大公无私的人战胜了自私的本性，而能够理性地去对他人付出，根据理性为社会做出贡献，所以他们会成为人类的楷模。自私是天性，我们却不能放任孩子自私，因为自私和欲望一样是无底的深渊，如果孩子一直在自私的深渊里沉没，那么孩子就会坠入自私的谷底。在孩子很小的时候，我们就要教育孩子内心充满了爱，不但要爱自己，爱身边的人，也要爱整个人类，爱全世界。这样孩子才会心怀大爱，心胸开阔。如果孩子特别自私，心里只有自己，那么在将来与人相处的时候，就会面临很多困境。

在家庭生活中，要想培养孩子的大爱和博大的胸怀，就要让孩子学会分享。实际上，在很多独生子女的家庭里，孩子们都不喜欢分享，这是因为他们从小到大一直在独占家里所有的最好的资源，所以他们很排斥分享。有了好吃的好喝的，他们只想到自己，而不会想到父母；有了好玩的，他们也会独自玩耍，而不愿意和其他小朋友一起玩。这样的情况继续下去，孩子会变得越来越自私，即使将来有一天长大成人，他们也只会考虑到自己的需求，而不会考虑到他人的需求，这样长大的孩子是很难受到他人欢迎的。

可乐6岁半了，因为爸爸在部队里，所以可乐从小就和妈妈一起长大。妈妈把可乐照顾得无微不至，又觉得可乐不在爸爸身边，所以更加心疼可乐。渐渐地，可乐养成了自私的本性。

有一段时间，爸爸回家来探亲，给可乐买了很多美味的零食。可乐看着这些零食高兴极了，她先是感谢了爸爸，接着就把零食拎到一边开始吃起来。爸爸问："可乐，可乐，我可以

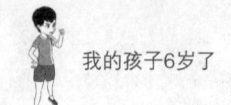

和你一起分享吗？"可乐把头摇得和拨浪鼓一样："不行啊，这是你买给我吃的，你可不能吃！"爸爸说："这的确是爸爸买给你吃的，但是爸爸很想和你一起分享呀，就像爸爸有了美味的食物会想着带给你吃，你有了美味的食物，应该也想和爸爸一起吃吧。"可乐的眼睛里含着泪水，生气地对妈妈说："妈妈，爸爸要吃我的零食！"妈妈说爸爸："哎呀，你就不要逗她了，大人和小孩抢零食吃干嘛呢，你还是吃水果吧！"爸爸看着可乐独自享受着一大包零食，一包还没有吃完就拆开了另外一包，感到非常郁闷。

晚上，爸爸对妈妈说："你可不能这样教育可乐呀，如果她对我们都这么自私的话，将来怎么与他人相处呢？"妈妈说："平日里你又不在家，我总不能天天和她抢东西吃吧！她已经习惯了自己吃所有的好吃的，她吃不完的时候我才会吃。"爸爸说："那么，以后你就要有意识地和她分享，因为如果孩子对最亲近的父母都不能分享，可想而知她有多么自私。"妈妈觉得爸爸说得有道理，赶紧点点头说："的确，有的时候带她去亲戚朋友家里玩，她和孩子们都处不来，现在越来越大了，是要纠正她这个坏习惯！"

后来，妈妈有意识地和可乐讲道理。在妈妈苦口婆心地劝说下，可乐终于答应把自己的零食分享给爸爸吃，爸爸马上大力表扬可乐，说："可乐，你可真是一个乐于分享的孩子，这样的孩子会拥有很多的朋友，也会感到非常快乐！"得到爸爸

第 05 章
6 岁孩子的人际交往——你的支持是最好的鼓励

的表扬,可乐开心极了。随后,爸爸妈妈一直在有意识地强化可乐分享的行为。渐渐地,可乐意识到:原来,分享是这么快乐的一件事情啊!后来,可乐从能够分享自己吃不完的东西,到能够分享自己最喜欢吃的东西,她变得越来越开心,越来越快乐,和小朋友们的相处也更加和谐融洽了!

现实生活中,有很多孩子都和可乐一样,他们从小得到父母和长辈无微不至的照顾与爱,而且得到家里所有好吃的零食和好玩的玩具,所以他们就理所当然地认为他们应该独享这一切。他们的占有欲非常强,甚至不愿意爸爸妈妈关心别的小朋

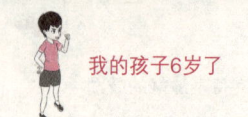

友，更不愿意别的小朋友碰到他们的玩具，更别说邀请别的小朋友和他们一起玩了。可乐爸爸说得很有道理，一个孩子如果对自己最亲近的父母都不能分享，那么将来和别人是很难相处的。事实告诉我们，孩子如果总是自私自利，那么他们就会非常孤独，交不到朋友，只有乐于分享的孩子才会拥有好人缘，才能结交更多的朋友，感受到更多的快乐。

在成长的过程中，每个孩子都需要与同龄人相处，那么就免不了要分享各种各样的美食，各种各样好玩的玩具。如果由于孩子太过自私，不愿意分享，而使孩子无法与同龄人顺利地交往，也不能融入同龄人之中，那么孩子就会面临很大的成长困境。不仅孩子，成年人也要做到乐于分享，才能够与他人友好地相处。当然，6岁的孩子才刚刚走出幼儿园，步入一年级，父母要抓住这个阶段培养孩子分享的好品质，让孩子能够快速地融入小学生活之中，也能够快速地与同学之间建立良好的关系。

家庭生活中，父母一定不要把所有好吃好玩的都一股脑地塞给孩子，尤其是在独生子女的家庭里，父母更是要积极主动地与孩子分享。对于孩子非常喜欢吃的美食，父母哪怕分享很少的一部分，也要和孩子一起吃，而不要留给孩子独享。当然，父母对孩子的言传身教也很重要，有些父母本身就是独生子女，已经习惯了独享一切的东西，所以在无形中就会影响孩子。作为父母，要为孩子营造分享的环境，这样一来，孩子才会觉得分享是理所当然的。在孩子做出分享的行为之后，看到孩子有点点滴滴的进步，父母要非常隆重地表扬孩子，这样才能够让孩子意识到分享是一件很好的事情，也能给他们带来快乐和满足。

如今，不管一个家庭的经济条件是好还是差，父母都会为孩子创造最好的成长条件。尤其是那些生活比较贫困的家庭，在抚养孩子的过程中，父母更是会把一切好的都留给孩子，这也会助长孩子自私的心理，让孩子变得任性霸道。在有两个孩子的家庭中，很多父母会为两个孩子准备同样的食物、同样的衣服和同样的玩具，其实这是没有必要的。如果像养育一个孩子那样养育两个孩子，就无法培养孩子分享的品质，父母可以只买一份美味的零食，让两个孩子之间互相沟通，谦让地享受这份零食，这样孩子才能渐渐地学会分配零食，分享美食。

需要注意的是，如果孩子本身是不愿意分享的，那么父母先不要强迫孩子，这是因为分享的前提是要心甘情愿，如果孩子对于分享非常抵触，父母强迫孩子去分享，那么孩子只会觉得父母剥夺了自己的一些东西。所以父母引导孩子分享，要从引导孩子分享那些不太重要的东西开始，让孩子渐渐地感受到分享的乐趣。每个孩子都希望有更多的朋友，希望能够与同龄人开心地相处，在他们感受到分享带来的好处之后，相信他们会从被动分享到主动分享。如果一味地强迫孩子分享，非但不能让孩子意识到分享的乐趣，还会让孩子对分享特别恐惧和排斥。这样就会导致事与愿违。总而言之，每个孩子的身心发展

都是不同的，父母是最了解孩子的人，不管培养孩子怎样的品质，都要从孩子自身的发展特点出发，才能够给孩子更好的指引和帮助。

不说脏话，文明礼貌

尽管现代社会提倡文明用语，但是依然有一些孩子会说脏话，突然爆粗口，这是为什么呢？只有找出其中的原因，父母才能更好地培养孩子文明礼貌的好习惯。通常情况下，孩子之所以说脏话，不外乎以下几种原因。

第一，孩子受到了周围环境的不良影响。如果孩子生存的环境中有人说脏话，例如，长辈或者父母，那么孩子就会在潜移默化中也学会说脏话，所以作为父母，要为孩子营造文明的成长环境，如果家里有老人喜欢说脏话，那么要劝说老人不要当着孩子的面说脏话，以免给孩子造成不良的影响。

第二，孩子感受到压力。他们觉得无法承受压力，因而就采取说脏话的方式发泄自己的情绪，从而让自己的压力得到缓解。在6岁左右的孩子之间是很容易发生各种冲突和矛盾的，孩子们其实已经有了一定的判断能力。他知道有些话是骂人的脏话，那么在与他人之间发生冲突，彼此之间打骂的时候，他们就会情不自禁地说脏话，似乎这样就能够诅咒他人，也能够满足自己报复他人的愿望，发泄自己的不良情绪。殊不知，说脏话非但不能够真正解决问题，阻碍我们与他人之间建立良好的交往，还有可能会导致事态变得越来越严重。在这种情况下，说脏话就会成为一根导火索，让原本可以解决的矛盾和问题变得更加复杂和棘手。

第三，当孩子说脏话的时候，父母要采取正确的应对方式。对于年幼的孩子，每当听到孩子说脏话，父母就会觉得很有趣，或者哈哈大笑，或者称赞孩子说得好。在这种情况下，孩子就会得到错误的强化，他们会认为说脏话是一种正确的行为，而且是值得赞许的。那么，他们自然会更频繁地说脏话。也有的父母坚决禁止孩子说脏话。当看到孩子在外面学会了说脏话，回到家里因为好奇而说起脏话的时候，父母就会非常严厉地训斥孩子，甚至会给孩子一定的惩罚。这样的惩罚非但不能让孩子戒掉说脏话的坏习惯，而且还会强化孩子对于脏话的记忆，起到物极必反的效果。所以如果孩子并没有养成说脏话的坏习惯，那么父母无须过分看重孩子说脏话的行为。有些孩子只在短时间内说脏话，随着时间的流逝，他们对脏话的记忆越来越淡漠，就不会再说脏话了。所以父母应对孩子说脏话的方式方法以及管控孩子力度都是非常重要的，决定了能否帮助孩子戒掉说脏话的坏习惯。

为了避免孩子说脏话，父母要做到以下几点。

首先，要为孩子营造良好的语言环境。在必要的情况下，要教会孩子如何进行适当地表达,如果孩子不知道怎样才能表达自己愤怒的情绪,也不知道自己怎样与他人之间进行沟通,就会采取说脏话的方式发泄情绪。在这种情况下,父母无须严厉地批评和惩罚孩子,而是要明确地告诉孩子父母的态度,从而使得孩子能够有效地改变说脏话的行为。

其次,要教会孩子自我控制。前文说过,孩子要学会控制自己的情绪。情绪是每个人天生都有的。在生活中,面对不同的人和事,情绪是会随时发生的。所以,教会孩子控制情绪非常重要。很多父母都发现,孩子在情绪非常激动的情况下会说脏话,那么就要引导孩子学会发泄情绪。例如,让孩子学会情绪转移法,学会自我隔离法,从而恢复情绪平静。也要培养孩子健康乐观的心态,让孩子对他人更加宽容,这样孩子就不会因为情绪问题频繁发生而说脏话。

最后,父母要成为孩子的好榜样。孩子的模仿能力是很强的,父母是孩子的第一任老师,孩子是父母的镜子。当发现孩子这面镜子上面有了污垢的时候,父母最重要的不是擦拭镜子,而是要反观自身的行为。有些父母因为工作压力大,生活得非常辛苦,常常会满口脏话,这对孩子的成长是极其不利的。父母要知道,自从当了父母开始,自己的一言一行都要对孩子负责,那么就要为了孩子净化语言环境,这样才能让孩子在文明礼貌的家庭中成长。

有很多孩子在家里的表现非常好,一旦进入校园,就会马上出口成脏，这是因为他们的身边有很多同学会说脏话。在这种情况下，父母可以和老师进行沟通，同时净化校园和家庭的环境，双管齐下引导孩子们能够文明礼貌地说话。虽然父母不应该限制孩子与什么样的朋友交往，但是如果发现孩子的言行举止有了很大的改变，而且变得喜欢说脏话，那么父母就要多多引导孩子，让孩子改掉说脏话的坏习惯。

在幼儿园期间，瑞瑞的表现都非常乖巧。他特别听话，也特别懂事，是老师眼中的好孩子，也是父母眼中的好宝贝。但是自从上了小学一年级，父母发现瑞瑞有了很大的改变。瑞瑞回到家里之后经常会说脏话。父母不知道瑞瑞和谁学会了说脏话，几次三番地问瑞瑞，瑞瑞也不告诉他们。后来，妈妈只好和老师沟通，这才得知班级里有几个孩子爱说脏话。

如何才能让瑞瑞改掉说脏话的坏习惯呢？妈妈想来想去，决定和老师进行联合行动。老师在班级里开展了文明礼貌用语的创意活动，回到家里，妈妈也在家庭里开展了文明礼貌用语的创意活动，就这样，瑞瑞渐渐地改掉了说脏话的坏习惯。

孩子很容易受到外部环境的影响，尤其是那些跟他们生活在一起的人，更是会在潜移默化中影响孩子。所谓近朱者赤，近墨者黑，这一点非常明显地表现在孩子身上。作为父母，不但要在家庭生活中净化孩子的成长环境，也要关注孩子在学校和班级里的生活情况和学习情况。如果发现孩子的行为举止出现异常，那么要及时了解背后隐藏的原因，从而才能有针对性地解决问题。

没有人喜欢和一个说脏话的小朋友打交道，更不愿意跟这个小朋友在一起玩，父母要让孩子知道说脏话会带来很多负面的作用，这样孩子才能够发自内心地想要改掉说脏话的坏习惯。例如，告诉孩子说脏话会招人讨厌，说脏话的小朋友交不到朋友，说脏话的孩子还会被老师批评。当父母把这些利害关系都讲给孩子听的时候，孩子虽然小，却也能够听明白，那么他们渐渐地就会对说脏话的行为有所收敛。

孩子从幼儿园简单单纯的生活环境进入了小学阶段的生活，接触的同学越来越多，所以他们会学会一些平时不会的语言，这一点是很难避免的，也会被一些负面的信息所影响，从而学会说脏话，这也是情有可原的。最重要的在于父母要及时观察和了解孩子的变化，从而有效地帮助孩子战胜说脏话的欲望，及时改正说脏话的坏习惯。

尊重同学，不起绰号

周五放学回到家里，妈妈发现琪琪的脸上又挂了彩。看到琪琪好不容易才消停了这几天，现在又因为和同学打架脸上挂了彩，妈妈非常生气，劈头盖脸地数落了琪琪一顿："你为什么不长记性呢？妈妈告诉你要和同学好好相处，你说说你这次又和哪个同学打架了？"妈妈的话音刚落，琪琪的眼泪就簌簌而下。妈妈发现琪琪不像以往那样顽劣，反而非常委屈和伤心，感到很惊讶。她耐心地询问琪琪："琪琪，你怎么了？到底受什么委屈了？"琪琪哭着对妈妈说："这次打架不怪我，是因为同学给我起绰号，他们叫我胖猪，我就和他们打起来了。"

听到琪琪的话，妈妈陷入了沉思：琪琪的确是比较胖，但是也不能被称为胖猪呀，看来这次还真的是不怪琪琪。妈妈给老师打了个电话，了解了事情发生的起因和琪琪所说的相差无几，妈妈对老师说："张老师，请您还是要关注一下孩子们之间起绰号这件事情，因为孩子的自尊心还是很强的，起绰号就像是贴标签，如果导致孩子形成错误的自我认知，那就不好了。"老师连连对妈妈道歉说："这个问题的确不是琪琪的错，虽然他和同学打了起来，但是事出有因，也是情有可原的。接下来我会在班级里开展一次活动，希望同学们都不要互相起绰号。您放心吧，咱们以观后效！"

得到老师的承诺，妈妈这才对琪琪说："老师已经批评了起绰号的同学，而且将来会不允许同学们之间互相起绰号。妈妈想知道，同学给你起了绰号之后，你有没有给同学起绰号呢？"琪琪摇摇头，妈妈对琪琪竖起了大拇指，说："这才是妈妈的好孩子，能够明辨是非，知道别人错了，却不以错误的

方式对他人，这说明我的琪琪长大了！"在妈妈的表扬之下，琪琪忍不住表态："我不会给其他同学起绰号的，因为我知道被人喊绰号是很难受的。"妈妈点点头，脸上露出了欣慰的笑容。

孩子们之间很喜欢互相起绰号，尤其是对于那些特征明显的孩子，孩子们更是热衷于为他们起绰号。说起绰号，很多父母都感到心有余悸，是因为回想起自己上学的时候，因为被同学起绰号而感到非常委屈，也感觉自己受到了侮辱。有的时候，看到同学的某个特征特别明显，我们也会给同学起绰号，由此一来，同学之间发生矛盾，甚至打起来。

实际上，对于一年级的孩子来说，互相起绰号是非常常见的现象，但是大多数孩子虽然热衷于给他人起绰号，却不喜欢被他人取绰号，这是因为他们对他人觉得好奇，却又不喜欢自己成为他人的乐趣所在。如果不能控制好孩子为他人起绰号这种行为，孩子与他人之间的关系就会非常紧张，甚至会破裂。

孩子为什么喜欢给同学起绰号呢？

第一，班级环境的影响，如果他们发现班级里有很多同学都在给他人起绰号，那么他们也就会热衷于做这件事情。有的时候，学校里不同年级的同学喜欢起绰号，也会给孩子们造成不良影响。

第二，孩子们觉得起绰号是一件很有趣、很好玩的事情。6岁的孩子正是玩心很重的时候，他们会根据同学的特点，或者根据同学姓名的谐音来给同学起绰号，因而觉得非常有趣。如果所有的同学都这么做，那么班级里的风气就会越来越糟糕，起绰号就会成为一股歪风邪气，导致班级里的同学不和睦。

第三，因为和同学的关系非常好，他们不是在给同学起绰号，而是在给同学起昵称。所谓昵称就是对同学的爱称，是关系友好的表现。彼此之间称呼绰号可以表现孩子们的关系非常亲密无间，也可以表现出孩子们是相互接纳和彼此包容的，所以他们才会热衷于给对方起昵称。

不管是因为哪种原因，孩子给同学起绰号都不是一种好的行为，如果是给喜欢的同学起昵称，那么只能在私下里叫同学昵称，而不能当着很多人的面叫昵称。当班级里出现起绰号的风气，老师要及时采取行动，让孩子们起绰号的错误行为得到纠正。

父母尤其需要告诉孩子的是，给朋友起绰号或者昵称，不要用朋友的缺点或者是缺陷来嘲笑朋友，否则就会让朋友非常伤心。实际上，用绰号来称呼他人是一种非常不礼貌的行为，那么，当绰号与他人的缺点或者缺陷联系在一起的时候，就更是一种明目张胆的嘲笑，会破坏人际关系。最好的办法是同学之间相互尊重和友爱，谁也不给谁起绰号，而是都以正常的名字相称，这样一来才能够营造良好的班级氛围，也才能够在同学之间建立和谐融洽的人际关系。

第 06 章
6岁孩子的校园生活——初入小学，多给他点适应时间

6岁的孩子从幼儿园进入小学生活，正式成为了一年级的小豆包，面对和幼儿园生活截然不同的小学生活，他们能适应吗？只要父母多一些耐心，在看到孩子有所不适应的时候，积极地帮助孩子，给予孩子更多的关爱和帮助，避免催促孩子，那么孩子就能更快地适应小学生活，也会感受到学习的乐趣。

帮助孩子适应小学生活

从幼儿园升入一年级,孩子的学习和生活都面临很大的改变,所以在刚开始的时候,很多孩子都难以适应一年级的学习和生活,难免会哭闹。尤其是在学校里,他们不能像在幼儿园那样继续得到老师全方面的照顾,会有很大的不适应,又因为老师对每个同学都一视同仁,并不会给予某个同学以特殊的照顾,所以他们还会感到非常失落。看到孩子对一年级的生活并不适应,家长往往会觉得措手不及。实际上,从身心发展的角度来看,孩子出现这种现象是完全可以理解的,有些孩子为了不想去学校而刻意哭闹也是非常正常的反应。在这种情况下,父母要正确地引导孩子,帮助孩子适应学校的生活,而不要对孩子进行错误的引导,更不要严厉地批评和训斥孩子,使孩子更加抵触校园生活,陷入恶性循环之中。否则,孩子就很难拥有愉快的六年小学生活。

父母要意识到,小学阶段和幼儿园阶段是不一样的,很多父母在最初送孩子进入幼儿园的时候,如果孩子不开心,父母就会把孩子带回家,这让孩子误以为幼儿园是可去可不去的,对幼儿园的学习并不重视。当孩子上了小学之后,父母切勿这样放纵孩子。小学六年是一个整体,也是孩子学习生涯中至关重要的一个阶段。在小学六年中，孩子将会接受完整系统的学习。如果孩子没有特殊原因，随随便便地就缺席学校，那么他们在知识的学习上就会缺乏连贯性，很难有良好的收获和成长。父母要认识到，孩子终究要离开父母的身边，离开熟悉的环境，去新的环境里开展新的人生阶段，如果就连进入一年级这样一个小小的槛孩子都迈不过去，那么将来孩子还需要读初中、高中，还要离开父母所在的城市去读大学，又怎么能够快速适应呢？

　　作为父母，对孩子进入学校之后不喜欢学校生活，一提起上学就哭闹不休，甚至是会因此而生病的状态，要能够理性地对待。不可否认，孩子进入小学阶段之后，生活和学习都面临着很巨大而且突然的变化，如果父母能够抓住在入学前的一个暑假对孩子进行相关的训练，那么孩子就能更好地适应小学生活。反之，如果父母并没有帮助孩子做好进入小学的准备，那么孩子就会更加不适应，在进入学校之后也会觉得非常孤独和无助。面对一个哭闹不休且不愿意去上学的孩子，父母应该怎么做呢？

　　父母无论采取何种方式对待孩子，都不应该对孩子妥协。父母要给孩子断奶，这样才能帮助孩子离开父母的身边，独自去走自己的人生之路。走入小学，只是孩子迈出人生的第一步，也是小小的一步。父母要帮助孩子克服心理上的障碍，也要激励孩子充满勇气，这样孩子才能面对新生活，也才能在新

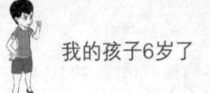

生活之中获得快速的成长和进步。其实，解铃还需系铃人，要想弄清楚孩子讨厌上学的原因，就要与孩子深入沟通，才能够有的放矢地教育孩子。

通常情况下，孩子不喜欢去上学，或者是因为离开家不适应，或者是因为对学校里教授的大量知识不能快速掌握。如果是因为后者，那么父母就要帮助孩子学习知识点，这样孩子才能够消除对学校的排斥和抵制。也有些孩子非常胆小，看到陌生的老师，他们会感到害怕，那么，父母可以创造机会，让孩子与老师多多接触，也可以让孩子私下里给老师送几个小礼物，加深与老师的感情，频繁地与老师互动，帮助孩子熟悉老师，也发自内心地接受老师。这样，孩子就不会因为恐惧老师而不愿意去学校了。

有的孩子是因为不擅长社会交往，很担心自己在学校里会受到欺负，那么父母要帮助孩子多多结交几个朋友，不要急于求成让孩子结交大量的朋友，而是可以先帮助孩子与极少数孩子之间建立良好的关系。这样，孩子在去学校的时候，想到自己能够见到朋友，就不会觉得孤独寂寞了。总而言之，每个孩子讨厌上学都一定是有原因的，父母要找准背后的原因，有针对性地解决问题，才能够改善孩子厌学的情绪。

佳佳刚刚进入小学一年级，原本她兴致勃勃地背着妈妈为她准备的小书包去学校，但是才上了几天的学，她就吵闹着不愿意去学校了。爸爸妈妈不知道是为什么，如果强迫佳佳

第 06 章

6 岁孩子的校园生活——初入小学，多给他点适应时间

去学校，佳佳就哭闹不止。有一天早晨，佳佳还撒谎说她肚子疼，赖在家里不愿意去学校。看到佳佳如此抵触学校，妈妈感到非常纳闷，因为在幼儿园阶段，佳佳可是最喜欢去幼儿园的，在幼儿园里有她喜欢玩的玩具，也有她喜欢的小朋友，还有她喜欢的老师呢。如今，佳佳却不想去学校，这可怎么办呢？

思来想去，妈妈决定和佳佳之间进行沟通。一个周末，妈妈带着佳佳去吃最喜欢的必胜客。在吃着美味的食物时，佳佳整个人都放松下来。妈妈问佳佳："佳佳，你在学校里过得

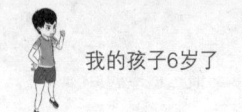

开心吗?"佳佳摇摇头,哭丧着脸说:"一点都不开心!"妈妈问:"为什么呢?难道老师、同学有什么问题吗?"佳佳告诉妈妈:"老师很好,同学也很好,但是我的同桌,我很讨厌他。他是一个大个子的男生,总是欺负我。有的时候,他会抢我的橡皮用;有的时候,他还会抢我的铅笔用。有一次,他把我的课本藏了起来,害得我上课被老师批评!"妈妈恍然大悟,原来遇到这样一个调皮捣蛋的同桌,一向乖巧懂事的佳佳不知道如何应对,所以才会不想去学校呀!

妈妈不知道是应该与老师沟通,帮助佳佳调换座位,还是教会佳佳如何应付讨厌的同桌。回到家里,妈妈和爸爸商量之后,爸爸说:"孩子不可能喜欢她遇到的每一个人,学会与自己不喜欢的人相处也是一种能力。我觉得逃避不是办法,而是要让佳佳勇敢地面对。接下来,我们可以让佳佳把每天发生的事情告诉我们,然后我们教给她正确的应对方式。"就这样,爸爸妈妈成了佳佳的军师,佳佳每天放学回家就把自己的烦恼告诉爸爸妈妈,爸爸妈妈总能给她出一些好主意。最终,佳佳非但与同桌成为了好朋友,同桌还很乐意听佳佳这个小女生的话呢!

爸爸说的很对,逃避并不能解决问题。在社会生活中每个人都会遇到自己不喜欢的人,如果一味地逃避,就会逃无可逃。面对自己不喜欢的人时,我们要想办法学会与对方相处,要想出办法去征服对方,这样才是真正解决问题的办法。

孩子们不喜欢上学的原因千奇百怪，他们小小的心灵中有着各种各样的思想，所以父母要深入了解孩子的想法，才能够有的放矢地为孩子消除不喜欢学校的原因，也才能够为孩子提出合理的解决方案。

和孩子一起探索学习的奥秘

6岁孩子在进入一年级开始学习之后，发现一年级的学习模式和幼儿园是截然不同的。在幼儿园里，孩子们的主要任务就是吃喝玩乐，和老师一起做游戏，和同学一起愉快地相处，但是在进入一年级之后，他们会发现自己学习的主要任务变成了学习各种各样的知识。有些孩子的接受能力比较强，能够很快地掌握知识，所以学习起来还是相对轻松的，但是有些孩子的学习能力相对比较弱，对于老师教授的知识，他们需要更多的时间去理解和消化，又因为被老师催促，或者因为没有完成学习任务而被老师批评，那么他们就会对学习产生抵触心理，甚至因此而不喜欢上学。作为父母，为了帮助孩子更好地适应一年级的学习生活，要和孩子一起探索学习的奥秘，发现学习的乐趣，这样才能够培养孩子在学习方面的内驱力，让孩子积极主动地学习。

有些父母对于孩子的学习采取放任不管的态度，他们觉

我的孩子6岁了

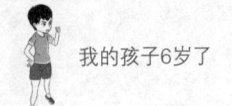

得既然已经把孩子送到了学校,老师就应该对孩子的学习全权负责,这样的想法是错误的。老师毕竟只有在每天上课的时候才会与孩子接触,而且学校里设置了不同的课程,这样一来,每个老师与孩子的接触的时间都是有限的,甚至非常短暂。明智的父母知道自己与孩子接触的时间才是最长的,只有自己才能真正激发出孩子对于学习的乐趣,帮助孩子建立学习的信心。

9月,小宝背起书包去了学校,转眼之间就到了10月1日。小宝放完国庆长假之后,怎么也不想去学校上学了。在7天长假期间,妈妈每天都在催促他写作业,他却总是敷衍了事,坐在书桌前,看似是盯着作业本,实际上却神游物外,结果7天过去了,那么少的作业他连一半都没有完成,眼看着马上就要开学了,这可怎么办呢?

开学的前一天晚上,小宝发愁得生了病,他对妈妈说:"妈妈,我的头很疼,明天可以不去学校了吗?"妈妈当然知道小宝的心思,因而对小宝说:"那可不行啊,除非拿着医院开的病假条,才能去学校请假,否则你一定要去学校。小朋友轻伤不下火线,学习每天都需要连贯地进行,如果你不去学校,别的小朋友都在学习,你就会落下很多知识,那么要想追赶上其他小朋友就很难了。"听到妈妈的话,小宝的眼睛里含着眼泪说:"但是,我的作业还没有完成呢!"妈妈非常地惊讶说:"哦?这次可有7天的假期啊,难道有那么多的作业,7天都写不完吗？"小宝羞愧地低下头，说："不是的。作业并不需要写那么长时间，但是我每天只写一点点，所以到现在还没有写完。老师一定会批评我的，这可怎么办呢？"

妈妈看到小宝有悔改的意思，趁此机会教育小宝："小宝，每个小朋友都要写作业，这是因为写作业可以帮助你复习当天学习的内容，让你学到的知识得到巩固。不然，你今天学了知识，明天就忘记了，那不等于白学了吗？所以，作业可是很重要的！这样吧，到明天开学还有一个晚上的时间，现在才晚上7点，妈妈今天晚上允许你晚一点睡觉。我相信，你写到晚上10点的时候，一定能把作业完成，但前提是你要非常专心地快速完成作业，千万不能三心二意哟！"小宝点点头，妈妈在旁边陪伴着小宝，小宝拿起笔来刷刷地写着。果然，才9点半的时候，他就把作业写完了。妈妈对小宝竖起大拇指说："看看吧，小宝！你是非常有潜力的！如果你在刚放假的时候就这么专心地写作业，我相信你第一天就能把所有的作业都完成，这样接下来的6天假期就可以痛痛快快地玩儿了，不用惦记关于学习的事情。下一次放假，你知道应该如何度过假期了吗？"小宝看着妈妈点了点头。

很多孩子都发愁写作业，尤其是6岁的孩子，他们手部的力量还相对比较弱，因而不能完成大量的作业。在孩子对学习和作业感到发愁的时候，父母要做的是引导孩子，教会孩子合理地安排时间，高效地完成作业。这么做，既可以避免孩子因为

学习的问题而抵触学校,也能够引导孩子感受到学习的乐趣,探索学习的奥秘。

在学习中遇到难题的时候,父母不要直接告诉孩子答案,否则就会使孩子养成依赖心理,一旦遇到困难就去求助于父母,那么渐渐地,他们的脑子就会越来越懒得动。明智的父母会培养孩子积极对待学习的态度,当孩子发现在学习上遇到了很大的困难,父母不会代替孩子去解决难题,而是会引导孩子进行积极的思考,让孩子能够自主地解决难题。这样孩子才能在解决难题的过程中获得成就感,也会越来越爱上学习。

导致孩子对学习不感兴趣的原因是多种方面的,作为父母,不要一味地斥责孩子排斥学习,而是应该积极地寻找孩子厌学背后的原因,这样才能够有的放矢地解决孩子的厌学问题,也才能够卓有成效地提高孩子对学习的兴趣,让孩子更加积极主动地学习。

大多数孩子之所以厌恶学习,是因为他们还没有发现学习的乐趣。正如有一位名人所说的,兴趣是最好的老师。对于自己感兴趣的事情,孩子会积极主动地去做。反之,对于自己讨厌的事情,哪怕是被父母强迫着去做,孩子也不会全身心投入。所以父母要想让孩子真正地热爱学习,就要引导孩子发现学习的乐趣,也要激发孩子对于学习的热情。例如,孩子认识了更多的汉字就可以自己阅读绘本;孩子学会了数学计算,在和妈妈一起去超市的时候，就可以给妈妈算账，看看购物需要花费多少钱。当父母给孩子提供机会，让孩子学以致用，孩子对于学习的热情就会空前高涨。

首先，培养兴趣是需要过程的，要想激发孩子对学习的兴趣，父母切勿急功近利，也不要着急，而是要给予孩子足够的耐心，引导他们学习知识。很多知识都是非常枯燥和乏味的，尤其是在小学低年级阶段，是在进行重复的抄写、记忆和背诵，父母就更要帮助孩子找到学习中有趣的事情。

其次，父母要多多表扬孩子。尤其是在孩子有进步的时候，父母要看到孩子点点滴滴的进步，给予孩子慷慨的表扬。很多父母都觉得学习是孩子理所应当做的事情，就像父母每天都要工作，努力辛苦地挣钱一样。殊不知，孩子才6岁，他们的自觉性可没有那么强，而且自控力也很弱。如果父母让孩子只凭着自控力就坚持学习，那么一定是很难的。孩子很看重父母对他们的评价，当孩子在学习上有良好表现的时候，父母要多多地表扬和鼓励孩子，从而激发孩子对于学习的兴趣。

再次，父母要寓教于乐，以积极的方式让孩子感受到学习的乐趣。每个孩子天生就喜欢玩游戏，这是孩子的天性，如果父母能够把学习融入游戏之中，让孩子通过游戏的方式爱上学习，那么就能一劳永逸，使孩子对学习非常感兴趣。此外，孩子也会因为充满好奇心，尝试不同的游戏方式，坚持学习。在

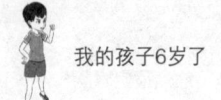

此过程中，孩子的学习力得到激发，学习热情得到增强，所以他们会更加热爱学习。另外，通过游戏的方式，孩子们还可以验证自己掌握的各种知识，加深对于知识的理解，真正做到学以致用。

最后，父母要帮助孩子对学习保持新鲜感。很多学校教授孩子的方式就是填鸭式教学，老师会把课本上的很多知识灌输到孩子心中，让孩子通过反复的记忆得到强化，时间长了，孩子未免会觉得非常枯燥乏味，因而也会产生厌倦的情绪。如果父母能够利用孩子学校之外的业余时间发展孩子对学习的兴趣爱好，也可以通过各种有趣的方式，强化孩子对知识的掌握，这样孩子就能够保持对学习的新鲜感，他们当然愿意持续地学习。此外，学习知识还可以让孩子懂得更多的道理，也让孩子拓宽视野。对孩子来说，这都是非常宝贵的成长经验。

曾经有心理学家经过研究发现，哪怕是那些学霸级的孩子，也并不是真心地喜欢学习，更不会非常主动地完成作业。区别在于，有些孩子具有很强的自控力，知道自己通过学习要实现怎样的目的，而有些孩子的自控力很差，他们并没有把学习与自己的其他方面联系起来。所以，父母很有必要让孩子明确学习的意义。6岁的孩子已经比较懂事了，也能听懂父母的话。当他们知道学习事关重大，也知道学习会给他们带来成长和进步的时候，他们就会从被动学习到积极主动地学习，也就能够在成长的过程中更加乐意坚持学习。

让孩子知道学习的意义

一个人如果不知道自己为什么要做一件事情,那么在做事情的过程中,他就会感到非常迷惘,也会缺乏动力。反之,一个人如果很清楚地知道自己为什么要做一件事情,那么在做事情的过程中,他就会目标明确,也会充满强劲的动力。同样的道理,对于6岁的孩子而言,他们要想始终对学习保持积极的热情,必须激发自己对学习的兴趣,而且要明确地知道自己为何学习。

很多父母觉得,对于6岁的孩子而言,理解学习的目的和意义还为时尚早,其实这样的想法是错误的。即使是6岁的孩子,也可以有目标地去干一件事情,从这个意义上来说,父母要让孩子知道他们为什么学习,要让孩子认识到学习的重要性,这样孩子才能变被动学习为主动学习。父母在督促孩子学习方面,也就可以一劳永逸。

有些父母面对厌学的孩子,采取了错误的方式,例如,用哄骗催促等方式逼着孩子学习,这样一来,虽然孩子从表面上看起来配合父母学习,但实际上他们内心里是很抵触学习的,这使得他们学习的效率非常低下,而且会在学习上出现严重的拖延情况。只有让孩子意识到他们对于学习的责任,他们才能够自觉主动地学习。由此可见,父母要想激发孩子学习的兴趣,必须告诉孩子学习的重要意义,这样才能够激励孩子始终

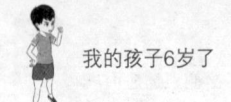

保持强劲的动力,坚持学习。

必须明确的一点是,6岁的孩子虽然已经步入校门,成为了一年级的"小豆包",看似已经开始了六年漫长的小学历程,而实际上,他们何时才能真正开始学习,是需要父母去努力推动的。通常情况下,一年级的孩子并没有养成良好的学习习惯,也没有认识到学习的重要性,尤其是在学习的过程中没有得到家长正确的指导,所以他们在学习方面的表现并不能令人满意。那么,父母要想让孩子积极主动地学习,真正地步入学习的历程,就一定要从根本上来解决问题。

吃完晚饭之后,佳佳一直坐在沙发上看电视,不愿意动身去学习,他原本说看完这集动画片就去学习,但是看完动画片之后,他又开始看其他的节目。看到佳佳慵懒的模样,妈妈感到非常抓狂,妈妈问佳佳:"你的作业完成了吗?"佳佳摇摇头说:"等会儿写!"妈妈说:"佳佳,你已经看了好几集动画片了,如果你再不去写作业的话,就会影响今天晚上睡觉,这样的话,明天早上你就不能按时起床,上学就会迟到,可是要被老师批评的。"佳佳虽然很担心自己因为迟到而被老师批评,脸上却表现出很为难的神情。

妈妈似乎看透了佳佳的心思,问:"佳佳,你为何不想写作业呢?"佳佳说:"写作业太累了,我只想看电视。"妈妈说:"那你觉得爸爸妈妈上班累不累呢?"佳佳想了想回答:"爸爸妈妈上班也很累。"妈妈说:"的确,爸爸妈妈上班非常累，但是爸爸妈妈依然要每天上班，是因为爸妈必须赚钱，才能够让家里维持正常的运转。那么，你作为一个孩子，你还这么小，不能去上班，就应该把上学作为自己最重要的工作。这是你的分内之事，就像爸爸妈妈负责上班挣钱养家也理所应当一样。只有好好上学，你将来才能考上好大学，这不是为了爸爸妈妈，而是为了你自己。如果你将来能够考上一所很好的大学，你就会有一份更好的工作，上班的时候就不会像爸爸妈妈这么辛苦。"佳佳看着妈妈认真地想了想，点了点头说："我要好好学习，我要过更好的生活！"很快，佳佳就主动关掉电视去写作业了。

父母的催促和唠叨会让孩子更加拖延。当发现孩子在学习上带着慵懒懈怠的态度时，父母要做的不是催促孩子，也不是唠叨孩子，而是要给孩子摆事实、讲道理，让孩子知道好好学习的目的和意义。

具体来说，要想让孩子知道学习的重要性，明确学习的意义，可以从以下四个方面对孩子做好思想工作。

首先，要激发孩子的学习兴趣。兴趣才是最好的老师，在兴趣的激励下，孩子才能保持长久的学习动力。

其次，要让孩子认识到通过学习可以提升各方面的能力，因而让自己变得更加强大。要知道，学习从来都是一个漫长枯燥的过程，成人要想坚持学习，尚且需要坚定的意志力，更何况对于6岁的孩子而言呢？所以父母不要急于要求孩子发自内心地主动学习,而是要有足够的耐心在生活的点点滴滴中引导孩子发展学习力,培养孩子的学习能力,让孩子变得更加专注,更有耐力。这样孩子才能够始终坚持学习。

再次,要引导孩子树立理想。很多孩子都没有理想,他们浑浑噩噩地生活,享受着安逸舒适的日子,却不知道自己将来想做什么,也不知道自己的目标是成为怎样的人。父母要引导孩子树立伟大的理想,做一件事情是否有方向所产生的效果是截然不同的,而理想恰恰能够为孩子明确努力奋斗的方向。

最后,要让孩子适当地吃苦。如今,太多的孩子都生活在安逸的环境中,根本不知道生活有多么艰难,他们衣来伸手,饭来张口,有什么需求和欲望都能得到满足,所以不知道生活的艰难。让孩子适度吃苦,理解生活的艰难,他们才会知道,只有现在好好学习,将来才能摆脱穷困的生活,这也是孩子对于学习的一个很强大的动力。

让孩子明确学习的意义并不能一蹴而就,但是对于6岁的孩子而言,他们已经具备了理解能力,所以,父母可以以孩子能够理解的语言,告诉孩子学习有怎样深刻的意义,也可以以孩子身边现实的例子,让孩子知道如果不好好学习会有怎样糟糕的后果。随着孩子不断成长,理解能力越来越强,对于生活的感悟也越来越深,那么,父母可以让孩子更加积极地投入努力奋斗之中,这样孩子才会从被动学习到主动学习,从需要被催促着学习到能够自主坚持学习，这对孩子而言是莫大的进步。

激发孩子好奇心，让孩子多多动手

孩子天生就充满好奇，对于那些不了解的陌生事物，对于那些非常新鲜的事物，他们总是忍不住要瞪大眼睛去仔细地观察，开动脑筋去认真地思考，有的时候还会对父母老师等提出各种各样的问题。这都是在好奇心的驱使下，孩子学习力爆发的表现。每个孩子都有好奇心，只不过有些孩子能够把自己的好奇心表现出来，而有些孩子却因为性格等各种原因不愿意把好奇心表现出来而已。对于6岁的孩子而言，他们很难掩饰自己的好奇心，不管对什么事情产生好奇，他们都会积极地表现出来，都会主动、勇敢地进行尝试和创造。那么，父母在引导6岁的孩子爱上学习的时候，就可以充分利用孩子的好奇心，激发孩子的好奇心，让孩子多多动手，从而产生学习的兴趣。也可以说，好奇心和动手能力是孩子获取知识的重要途径之一，父母只要掌握了这两个途径，就能够激发孩子的学习力，让孩子从被动学习到主动学习，从理性上坚持学习到从兴趣上爱上学习。

对于6岁的孩子而言，在他们的眼中，这个世界是非常神奇的，也充满了各种稀奇古怪的东西，有的时候他们甚至会突发奇想，想出人们意料之外的各种新点子。有些孩子在很小的时候就会表现出好奇心，父母会发现他们常常把在外面玩耍的时候捡到的小石子等如同宝贝一样带回家里。在父母眼中，这些东西都是不值一提的，而且还很脏兮兮的，但是在孩子眼中，这些东西可都是宝贝啊，这不是因为孩子不懂事，而是因为他们有着可贵的好奇心。

为了培养孩子的好奇心，父母在孩子遇到疑问的时候，切勿打击孩子，更不要面对孩子的提问采取不耐烦的态度，而是要引导孩子深入思考，也可以帮助孩子查阅各种资料来解决问题。对于那些可以动手解决的好奇，父母还要激励孩子多多动手，促使孩子在好奇心的激励下更好地成长起来。

有些父母看到孩子总是对家里搞破坏，会批评和训斥孩子，殊不知每个孩子天生就是探险家，他们正是因为好奇才会主动地探索这个世界。如果孩子对什么事情都不感到好奇，那么孩子的学习力就会非常差。由此可见，好奇心与孩子的学习力是密切相关的，而且呈现出正相关的关系。所以父母要珍惜孩子的每一个提问，哪怕看到孩子把家里刚刚买回来的东西都拆坏了，也不要批评孩子，而是要给孩子提供更多的工具，去探索各种事物的奥秘。

最近，佳佳上一年级了，妈妈买了一个闹钟放在佳佳的卧室，想让佳佳能够根据闹钟上提示的时间主动地完成作业、洗漱睡觉。但是闹钟才买回来几天，周六的时候，妈妈出门去加班，晚上回来发现新买的闹钟已经被拆得七零八落的了，而且根本无法再组装起来。妈妈忍不住怒吼佳佳："你这个孩子是怎么回事儿？新买的闹钟就这样被你拆坏了，难道咱们家的钱是大风刮来的吗？"佳佳看到妈妈生气的样子，吓得不敢说话。

这个时候，爸爸赶紧出来打圆场，问佳佳："佳佳，你为什么要拆掉闹钟呢？"佳佳眼睛里含着眼泪说："我想知道闹钟为什么会自己转动，我不知道会把闹钟拆坏。"听到佳佳

的回答，爸爸表扬佳佳说："佳佳可真是一个小小的探索家啊，你这种精神是只有科学家才会有！既然你是为了发现闹钟的奥秘才拆坏闹钟的，我有一个好主意，说来给你听听，好不好？"佳佳点点头，爸爸说："我决定再买一个一模一样的闹钟，然后咱们俩一起来拆掉它，不过为了防止拆掉它之后组装不起来，我要在拆掉每个部件的时候都提前拍照，这样我们就可以根据照片把每个部件复原了，你觉得这个主意怎么样？"妈妈正想反对，爸爸用眼神示意妈妈，妈妈赶紧噤声。佳佳高兴地点点头，说："好啊，好啊！我就是想知道闹钟是怎么转动的！"

很快，爸爸又买来了一个闹钟，通过反复地拆卸闹钟和组装闹钟，佳佳终于明白了闹钟的原理。爸爸借此机会对佳佳说："佳佳，你看科学家是不是很厉害呢？虽然闹钟并不是什么高科技的东西，都这么精密，这么神奇，你要想了解更多的东西，知道每种东西神奇的功能，就要好好学习，将来长大成为一个科学家。"佳佳连连点头说："爸爸，我还想知道电视是怎么形成的，手机是怎么形成的？电脑是怎么形成的？"爸爸由衷地对佳佳竖起大拇指说："看来我的佳佳长大了，一定会成为伟大的科学家！"

经过这件事情之后，妈妈惊讶地发现，原本写作业磨磨蹭蹭，不喜欢上学的佳佳对学习的热情空前高涨，他经常在爸爸妈妈面前说："我要好好学习，将来成为伟大的科学家！我要发明很多好东西，给人们的生活带来便利！"

面对佳佳拆散闹钟这个行为，如果妈妈一味地批评和指责佳佳，那么只会让佳佳不敢再去探索和尝试，幸好爸爸还是非常理性的，他不但没有批评佳佳，反而又买了一个闹钟回来和佳佳一起拆卸组装，带着佳佳一起了解闹钟的奥秘。这样一来，就激发了佳佳的求知欲，让佳佳变得非常热爱学习，与此同时，随着好奇心得到满足，佳佳对学习的主动性也越来越强。

作为父母，如果只需要付出一个闹钟的代价，就能激发孩子对学习的兴趣，让孩子立志将来成为伟大的科学家，让孩子的学习不需要爸爸妈妈过于督促，这可真是一个好买卖呀！爸爸妈妈发现孩子拆卸家里的东西时，不管孩子拆了多么值钱的东西，都不要批评孩子，而是要先了解孩子拆卸行为背后隐藏的心理原因。好奇心是孩子学习的天生内驱力，爸爸妈妈一定要保护好孩子的好奇心，必要的时候还要激发孩子的好奇心。孩子唯有具备旺盛的求知欲，才能对学习充满兴趣。

激发孩子的好奇心，让孩子多动手的时候，如果孩子需要帮助，父母就要积极地给予帮助。注意，不要完全代替孩子去做，也不要一味地给孩子灌输各种各样的知识，而是要让孩子在互动的过程中学会如何探索奥秘，如何提高自身的思考能力，如何增强自己的动手能力，从而凭着自己的力量去找到问题的答案。

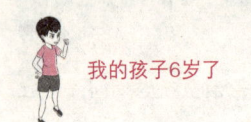

好奇心强的孩子最喜欢模仿父母的言行举止。在日常生活中，父母在遇到难题的时候不要迎难而退，而是要给孩子树立积极的榜样，迎难而上。这样孩子才能够模仿父母的样子战胜一切的困难。尤其是在生活中遇到一些只需要动手就能够解决的问题时，父亲要作为孩子的好榜样，积极地动手去解决。有的时候，还可以带着孩子这个小帮手一起去修理各种东西呢！人们常说心灵手巧，其实如果手很巧，那么心也会变得非常灵，所以，爸爸妈妈也可以从锻炼孩子的动手能力着手，提升孩子的思维能力，让孩子变得越来越聪明。

协助孩子制订学习计划

古人云，凡事预则立，不预则废。这句话告诉我们，在做事情的时候一定要有计划，要有规划，只有在合理的计划的指引下，我们才能够按部就班地完成很多事情，说不定还能超额完成任务呢。学习也同样是如此，很多孩子对于学习漫无目的，总是老师让做什么就做什么，有的时候还会偷懒不完成老师布置的任务。在这种情况下，想让孩子取得良好的学习成绩简直就是天方夜谭，白日做梦。细心的父母会发现，在学校里，虽然大多数孩子都在同一个教室里学习，听同样的老师讲课，但是学习成绩却相差很大，这是因为每个孩子作为独立的生命个体是完全不同的，有些孩子在对待学习的时候，会预先制订好计划，让学习井然有序，能够区分学习上各种任务的轻重缓急，从而保证始终在完成最重要且紧急的任务。但是有些孩子却并不擅长对学习进行规划，他们在学习的过程中，总是会把各种学习任务弄得非常混乱，导致学习效果受到影响。

6岁的孩子自控力有限，所以更需要学会制订和执行学习计划，只有在学习计划的指引下，他们才能充分地利用时间，把每一分每一秒都用到最重要的事情上。在学习的过程中，他们也能够根据计划的指引，按部就班地逐项地完成不同的学习任务。这样一来，他们在学习方面就会取得更好的成果。

自从进入一年级之后，妈妈发现佳佳每天晚上都手忙脚乱，睡觉很晚。按道理来说，一年级的作业不会有那么多，但是佳佳为何每天都要做到很晚，有的时候还不能完成作业呢？妈妈感到非常纳闷，决定和老师沟通一下。在和老师沟通之后，妈妈确定了老师布置的作业的确是适量的，也咨询了其他家长，发现其他孩子每天晚上大概只需要30分钟就能完成作业，而佳佳却磨磨蹭蹭的，花费两三个小时也不能完成作业。妈妈这下子完全确定问题不是出在老师身上，而是出在佳佳身上，那么问题到底出在哪里呢？

用了几天的时间，妈妈仔细观察了佳佳回家之后的行为

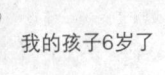

表现。佳佳5点钟放学，5点半回到家里，先忙着吃水果，喝牛奶。等到他终于吃完了这些零食的时候，又到了吃晚饭的时间，所以他还没写几个字呢，又该吃晚饭了。吃完晚饭之后，因为吃得太饱，佳佳需要下楼去遛弯，借机和小朋友们玩一会儿，回家之后要看一会儿动画片，这样拖来拖去，他到八点钟才开始写作业。真正开始写作业之后，他一会儿找铅笔，一会儿找橡皮，一会儿要去厕所，一会儿又要喝水，总而言之，整整半个小时的时间里，他写作业的时间花费了不到5分钟，其他时间全是在做各种乱七八糟的事情。妈妈这下子完全明白了：佳佳之所以不能按时完成作业，就是因为他没有对时间进行规划，也没有制订合理的学习计划。妈妈决定要给佳佳理清楚学习的顺序，这样佳佳才能够每天都保质保量地完成作业任务。

周六的整整一天，妈妈都没有做其他的事情，而是一直在和佳佳商讨如何安排每天放学之后的时间计划和学习计划。在和佳佳沟通之后，妈妈和佳佳确定了5点半放学，回到家里只能用10分钟洗手喝水，然后从5:40开始写作业，写到6点可以休息半个小时，在此期间吃饭，等到6点半的时候，又开始写作业，写到7点的时候结束。这样一来，佳佳有50分钟的时间写作业，虽然比其他同学完成作业的时间还是要长一点，但是这与佳佳写字本身的速度慢有关系，也给了佳佳一个缓冲的时间。而且妈妈还规定，佳佳在7点写完作业之后，在7点半到8点之间可以看课外书、做游戏或者看半个小时的动画片。佳佳听说自己可以看动画片，感到非常开心，妈妈把丑话说在前面："一定要按照计划进行，才能够在7点半到8点之间看半个小时动画片。不然的话，那就只能乖乖地上床睡觉了！"佳佳知道这是一个非常好的福利，所以他很珍惜这个机会，在当天写作业的时候，速度就有了明显的提升。

别说对于6岁的孩子，就算是对于成年人来说，如果面对很多需要完成的工作，也会感到手忙脚乱。所以如果爸爸妈妈想让孩子有一个更丰富、更充实的夜晚生活，那么就要帮助孩子制订合理的学习计划，帮助孩子安排好时间。毕竟时间和精力都是有限的，小孩子要做的事情是很多的，只有合理安排，才能够保证完成每一件事情。此外，也可以给孩子适度的奖励，如在上述事例中，妈妈就奖励佳佳在7点半到8点之间可以看半个小时动画片，当然前提是佳佳前面的表现非常好，这样一来就会给孩子一个外部的驱动力。

有些孩子之所以拖延完成作业，是因为他们分不清轻重缓急，例如，语文作业是明天就要交的，数学作业是后天才需要交的，那么孩子就应该先完成语文作业，但是偏偏有些孩子先完成了数学作业，次日去学校的时候，却因为没有完成语文作业被老师批评，这完全是时间安排上的问题。所以，父母要有意识地为孩子灌输轻重缓急的观念，让孩子知道要先完成那些重要且紧急的事情，这样一来，孩子在制订计划的时候，就会

我的孩子6岁了

规划得更为合理。

与幼儿园简单轻松的生活不同，小学阶段的生活需要学习很多课程，学习的任务和难度也在不断增强，所以，父母一定要在一年级就帮助孩子养成良好的学习习惯。这样一来，孩子在后续的学习中才会更加轻松省力，尤其是面对那些复杂的知识，父母更要引导孩子尽快消化知识，帮助孩子制订科学的学习计划，这样孩子在学习的时候就有据可依，当不知道自己应该干什么的时候，就可以根据学习计划的安排去做相应的事情。

当然，制订学习计划并不是一件简单的事情，在制订计划之前，我们要先帮助孩子明确学习的目标。在明确目标的指引下，孩子才会更加充满动力地学习。在制订学习计划的时候，不要只为了计划而计划，有些孩子会追求非常完美的计划，却忽略了计划的可行性。归根结底，只有制订科学可行的计划，计划才会变成现实。在制订完计划之后，还要督促孩子完成计划，尽量根据计划表来完成各项学习任务，这样孩子才会形成仪式感，觉得自己每天都生活得很有秩序。没有特殊情况的时候，最好不要轻易打乱孩子的学习计划，这样才能够激励孩子坚持根据计划去执行学习任务。一旦打乱了学习计划，计划整体的统一性就会受到破坏，孩子就会因为学习计划的变动而感到非常疲惫。

需要注意的是，在制订学习计划的时候，不要把各个学习任务之间的时间相隔太短。孩子学习是需要节奏的,如果学习任务之间间隔的时间太短,孩子就会被时间督促得非常劳累。

第 07 章
6 岁孩子的活跃内心——帮助孩子保持心理健康很重要

很多父母都非常看重孩子的身体健康,而忽略了孩子的心理健康。从本质上而言,一个人是否真的健康,不仅取决于身体,而更多地取决于心理。尤其是心理健康,在某种意义上是比身体健康更为重要的。所以对于6岁的孩子,父母除了要关注孩子的成长和学习之外,也要关注孩子的心理和情绪,让孩子保持身心健康地发展。

避免孩子狂妄自大

　　提起自大这个话题,很多父母都一定有满腹的委屈想要诉说。有的父母觉得孩子就是因为是独生子女,所以盲目地自尊自大,总觉得自己是天下第一;也有的父母觉得孩子连父母都不尊重,常常在学习了一点点知识之后就嘲笑父母的无知,甚至把父母看成是大笨蛋,对此父母也是非常苦恼。实际上,孩子自高自大不但会损害亲子关系,让父母感到困惑,而且在与同龄人的交往之中也会出现很多问题。从心理学的角度来说,自以为是的心理是一种自我认知的缺陷,这意味着孩子没有自知之明,总是觉得自己天下第一,从来不把其他任何人放在眼里。有的时候,这样的孩子自大过度,还会把父母以及其他的长辈都不放在眼里,因而表现得非常骄傲,非常无理。所以父母对于孩子自大的现象要引起足够的重视,父母应该告诉孩子,每个人都有自己的优势和长处,也有自己的缺点和不足。不管自己有多么优秀,都不能够瞧不起他人。俗话说,尺有所短,寸有所长,每个人只有客观公正地认知自己,才能够发挥自身的优势和长处,有更好的表现。

　　孩子们都熟知一句话,那就是谦虚使人进步,骄傲使人落后。狂妄自大的孩子,除了因为贬低别人而与他人的关系非常恶劣之外，还会因为看不起任何人而出现严重的退步。在学习的过程中，骄傲自大的孩子也许能在某一个阶段里有很好的表现，但是在长期的发展之中，他们却因为自负而限制和禁锢了自己的成长，也因为坐井观天，而使自己的视野被局限。在人际相处中，孩子们会对同学们居高临下，甚至是颐指气使，这样一来，就无法以尊重和平等的态度与同学之间建立良好的关系。

自大除了会影响孩子的学习和进步，影响孩子的情绪，影响孩子的人际相处之外，还会影响孩子的情绪。骄傲自大的孩子自尊心非常脆弱，他们看起来非常自尊，实际上内心深处却有自卑的意识。如果没有人看中他们，他们就会沮丧绝望。在遭遇小小的挫折和失败之后，他们就会陷入悲观的情绪之中，无法自拔。由此一来，他们就会从骄傲自大走向另一个极端，那就是自暴自弃，破罐子破摔，从充满自信到毫无自信，从自立自强到自暴自弃，这是非常糟糕的。

要想改变孩子骄傲自大的情况，父母就要找到孩子骄傲自大的行为背后隐藏的心理原因。从心理学的角度来分析，孩子之所以会把别人看得很轻，把自己看得很重，主要是因为以下四个原因。

首先，孩子从小生活条件优越。现代社会，很多家庭里都只有一个孩子，所以父母会给予孩子无微不至的爱，家里的长辈也会把孩子捧在手掌心里，孩子从小不管有什么愿望，都能够得到满足。他们吃得好，穿得好，看到自己处处都比其他

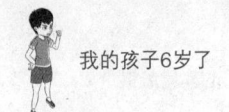

孩子优越，渐渐地就会产生一种优越感。例如，孩子穿上了名牌的鞋子，就看不起同学穿着普通的鞋子；孩子穿上了名牌的新衣服，就看不起同学穿着破旧的旧衣服；孩子有很多的零花钱，就看不起那些口袋里没有零花钱的小朋友。长此以往，孩子就会越来越鄙视同龄人，变得狂妄起来。

其次，父母如果自身条件非常优越，在日常生活中很喜欢与人攀比，而且表现出高人一等的姿态，那么，当父母把这种心态流露在孩子面前的时候，孩子也会潜移默化地受到父母的影响。当着孩子的面，父母最好不要说自己有哪些方面的优势，也不要指责身边的人处于怎样的劣势，更不要在背后数落和议论他人，否则这些话一旦被孩子听到，就会对孩子造成不良的影响。尤其是在自己有特殊的优势时，父母更是要非常谦虚，这样才能够给孩子树立好的榜样。

再次，不能客观地看待自己。很多孩子之所以看不起身边的同龄人，就是因为他们把自己看得太高。他们认为自己各方面的能力都很强，在进行自我认知的时候，他们只看到了自己的优势和长处，觉得自己天下第一，而没有看到自己的缺点和不足，也忘记了自己还有短处，是比不上他人的。这样盲目的主观认知，会让孩子陷入狂妄自大之中，他们总是用自己的优点与他人的缺点比较，总是用自己的长处与他人的短处比较，因而就越来越洋洋得意，觉得自己不管在哪些方面都能超过他人，也觉得自己能够高人一筹。

最后，虽然如今提倡赏识教育，父母在夸奖孩子的时候一定不要过度，也不要过于频繁。如果父母总是夸奖孩子，觉得自己的孩子非常棒，就会使孩子形成一种误解，孩子会觉得自己不管什么事情都表现得非常优秀，也觉得所有人都不如自己，那么他当然会产生错误的自我认知。当孩子已经形成了错误的自我认知时，他就会觉得自己什么都比别人强，因而从来不把任何人看在眼里。殊不知，这样的骄傲自满只会牵绊他成长的脚步，甚至让他原地踏步，对于他的成长是没有好处的。

洁洁今年6岁了，她长得非常美丽，非常漂亮，所有见过洁洁的人都非常喜欢她，也总是夸赞她不但人长得漂亮，而且学习能力也很强。洁洁虽然才上一年级，但已经在班级里担任班长的职务，还得到了老师的喜爱，所以洁洁每天就像一只骄傲的小公鸡一样。

对于洁洁的表现，妈妈也感到非常骄傲。但是，有一段时间，妈妈意识到了问题所在。原来，在期中考试之前，洁洁就自大地对妈妈说："妈妈，我一定能够考到年级第一。"妈妈对洁洁的话不置可否："这可是你们进入小学一年级之后第一次考试，你这么有把握吗？就算你对自己有把握，也对其他同学并不了解，说不定其他同学中有比你更优秀的人呢！"洁洁不屑一顾地哼哼："我可不屑和他们竞争，我不相信他们能超过我！"结果，期中考试的成绩下来之后，洁洁连班级前三都没有考到，只考了班级第八名。对于自己的成绩，洁洁感到无法接受，她非常羞愧地哭起来，她就像霜打了的茄子一样蔫头耷脑。

小小年纪的洁洁可把话说得太满太满了，虽然妈妈已经提醒了她山外有山，人外有人，但是她却对同学不屑一顾，最终残酷的现实给了她一个狠狠的打击，让她意识到她并不是全校学生中最优秀的，由此她产生了严重的心理落差，感到非常沮丧。其实，在这个世界上，没有谁是绝对最好的，每个人都有自己的优势和特长，每个人也都有自己的缺点和不足，我们要正确地认知自己，也要正确地认知他人。古人云，知己知彼，百战不殆，要想在竞争中获胜，我们除了要相信自己之外，更要加深对他人的了解，从而才能做好竞争的准备。

古今中外，每一个成功者都有谦虚的品质。父母在教育孩子的时候，要给孩子树立好的榜样，既要告诉孩子狂妄自大的危害，也要让孩子养成谦虚的好习惯。尤其是在家庭生活中，不要总是给孩子特殊待遇，很多父母常常为孩子特别地做一些饭菜，不让孩子和大人吃同样的饭菜。渐渐地，孩子就会觉得自己理应吃得更加精细。还有些父母对于自身的要求很高，却把孩子当成中心人物，满足孩子的一切要求和欲望，这也会让孩子形成错误的自我认知。此外，父母固然对孩子怀有殷切的希望，却没有对孩子提出太高的要求。随着赏识教育的提出，越来越多的父母总是没有原则地表扬孩子，这使孩子觉得自己非常了不起，所以父母在表扬孩子的时候，一定要设定一个更高的目标,激励孩子做得更好。让孩子在努力争取之后才完成目标,父母适时地表扬孩子,这能够让孩子认识到所有的表扬都是得来不易的。

现代社会,很多孩子身上都有一个共同的特点,就是承受挫折的能力很差。这与孩子狂妄自大、盲目自负是有密切关系的。作为父母,切勿为孩子营造一帆风顺的假象,没有谁的人生能够一帆风顺,孩子即使小时候顺风顺水,不管做什么事情都能取得成功,在长大之后也有可能遭受挫折。与其让孩子长大之后不能面对挫折,还不如在孩子小时候就培养孩子承受挫折的能力,这样孩子的内心才会越来越坚强,才能够从容地应对人生中的各种境遇。正所谓强中自有强中手,每一个孩子都要牢记这个道理,在坚持努力的同时,也要从对手身上学习闪光点。

小心孩子自闭

6岁的孩子大多数都是非常活泼开朗的,也有极少数的孩子每天都不想说话,尤其是在进入一年级之后,他们得到老师关注少了,所以就会躲在教室的某一个角落里孤单地存在,很少和其他同学一起玩,表现得非常不合群。当父母发现孩子出现这样落落寡合的表现时,一定要保持警惕,说不定孩子就会因此而形成自闭的倾向。如果父母对孩子的自闭不管不顾,那么

孩子的自闭情况就会越来越严重，直到患上自闭症。这对孩子的身心发展是非常不利的。

正是因为自闭症不是突然形成的，所以很多孩子在出现自闭倾向的时候都会被父母忽略，父母如果长期忽略孩子的自闭倾向，孩子就会由自闭倾向发展成为自闭症。所谓自闭症，就是孩子将自己关在封闭的情感世界里，他们自己就像是一座孤岛，与世隔绝，这样一来，他们的身心就无法健康地发展。6岁的孩子还没有成熟，一旦他们陷入自闭的情况之中，不但会与周围的人断绝联系，与社会脱节，而且会导致身心不健康，甚至给整个家庭都带来无法弥补的缺憾。在发现孩子有自闭倾向的时候，父母一定要积极地引导孩子，让孩子与同龄人更开心地玩耍，让孩子更关注外面的世界，这样孩子才会变得阳光。

果果刚刚进入一年级，老师就发现了异常，原来果果在幼儿园里的时候就不怎么喜欢说话。但是在进入一年级之后，老师觉得果果不但不喜欢说话，还很孤僻，因而老师和果果妈妈联系，对果果妈妈说："果果妈妈，您看到果果有什么异样吗？经过这段时间的观察，我觉得比起其他孩子，果果比较自闭，我建议您带孩子看一看心理门诊，如果孩子有自闭的倾向，应该及早干预，这样才能够取得良好的预后效果。"

看到老师说的这么中肯，而且也是为了孩子好，妈妈当即就带着果果去了自闭门诊。心理医生对果果进行了一番测试之后，对妈妈说："这个孩子已经有了严重的自闭倾向，如果及

第 07 章
6 岁孩子的活跃内心——帮助孩子保持心理健康很重要

早干预的话,效果还会比较好。其实现在已经有些晚了,可能是因为你们在孩子幼儿园时期并没有发现异常。不过从现在开始对孩子进行干预,应该还是可以扭转的。"听完心理医生的病情分析,妈妈决定配合心理医生进行治疗。妈妈又把果果的情况告诉了老师,并且请求老师多多和果果沟通,也创造更多的机会让果果和同学们一起玩。在妈妈和老师、医生的一起努力之下,果果的情况有了很大的好转。放学回到家里之后,果果比之前开朗了,她会主动跟妈妈说她在学校里发生的事情,而不像之前那样,一回到家就躲到房间里,再也不出来。

很多孩子的自闭倾向都被父母理解为性格内向,不爱说话，实际上一个正常的健康的孩子，即使他属于内向性格，不怎么喜欢说话，也会表现得比常人更加活跃。那么，孩子为什么会产生自闭倾向呢？主要说来，自闭倾向有以下几种原因。

首先是性格的遗传因素。相比起那些外向开朗的孩子来说，内向自闭的孩子似乎更不愿意与其他人交往，但是他们喜欢和静止的物体打交道，例如，他们会很喜欢某一个玩具，他们会喜欢花草树木。如果孩子有这样的表现，而且非常明显，那么，父母就要怀疑孩子是否有了自闭倾向。

孩子们总是很喜欢玩耍，尤其是对于6岁左右的孩子，他们根本不想留在家里，而只想出去跟同龄人一起疯狂地玩。当发现孩子不喜欢和同龄人相处，而只喜欢待在家里的时候，父母就要想到孩子是否有自闭的倾向。因为孩子一旦留在家里，就与外部的世界失去了联系，这样会使他们陷入自闭的恶性循环之中，失去了与别人接触和交流的机会，让他们的自闭表现越来越严重。

很多孩子之所以把自己封闭起来，是因为他们内心积压了很多负面的情绪，但是却没有渠道进行发泄。在现实生活中，孩子每天都要与人接触，自然就会产生各种各样的情绪。有些父母为了教会孩子乖巧懂事，就会要求孩子不要打人，不要骂人，也不许说脏话，更不能对大人吼叫。在这么多"不"的要求之下，孩子们可做的事情少之又少，如果有了负面的情绪，他们无处排解，就找不到情绪的发泄口，只能通过其他的方式来发泄。有些年纪大一些的孩子还会通过虚拟的网络获得交往的机会，这会使他们在现实生活中的自闭更加严重，也会让他们在现实中更加孤独。

还有一些孩子之所以切断了自己与外界的联系，是因为受到了父母不正确的教育。很多父母教育的方式简单粗暴，当孩子表达内心不满的时候，他们根本不会用心倾听孩子，而是会打断孩子的说话。尤其是在孩子有某些需求的时候，他们非但不会满足孩子的需求，还会否定孩子。孩子在长期得不到父母的安慰，需求也得不到满足的情况下，他们会把自己封闭起来，不让自己再与任何人交流，也不关注外界。也有一些父母因为忙于工作，每天都朝九晚五，尤其是现在社会竞争的压力非常大，很多父母都把所有的精力投入到工作上，而没有抽出时间来陪伴孩子，也没有找到机会与孩子进行交流。这样一来，孩子就无法感受到父母对他们的关爱。曾经有心理学家经过研究显示，如果母亲没有给1岁以内的婴儿亲密的照顾，并且真正负责照顾婴儿的人很少与婴儿进行语言交流，那么，孩子在长大之后就更容易有自闭的倾向，也更容易患上自闭症。所以不要再觉得几个月的婴儿不需要父母的照顾，其实，哪怕是小小的婴儿，也需要与父母之间进行亲密的沟通与互动。在家庭生活中，不仅母亲要肩负起照顾孩子的重任，父亲也要肩负起引导和教育孩子的职责。孩子健康的成长离不开父母双方共同的努力，以及对孩子的陪伴，父母们一定要端正教育的态

度，找到正确的教育方式，与孩子之间进行良好的亲子互动。

　　日常生活中，父母还要想方设法地帮助孩子消除恐惧心理。孩子年龄小，人生经验有限，对于生活中那些陌生的事物和人，他们往往会感到恐惧。在孩子产生各种情绪的时候，父母既要鼓励孩子把他们内心的情绪表达出来，也要鼓励孩子主动与父母交流，尤其是在发现孩子有自闭倾向之后，父母更是要与孩子多沟通，引导孩子多探索，而不要任由孩子把自己关闭在孤立的世界里。对于年幼的孩子，父母可以经常与孩子一起做游戏，在游戏的过程中，孩子感到放松，也会彻底地敞开心扉，尤其是在很多同龄人一起参与的集体活动中，孩子更能够敞开心扉与同龄的小伙伴在一起开心地玩乐，这对于帮助孩子消除自闭倾向是极其有好处的。

如何教育爱闹脾气的孩子

　　很多父母都发现，现在的孩子脾气越来越大，只要遇到不满意、不开心的事情，他们就会大发脾气，不管是男孩还是女孩都是如此。那么，孩子为什么这么爱发脾气呢？有些父母觉得这是因为孩子受到娇纵和宠溺导致的，实际上，从心理学的角度来说，孩子爱发脾气是意志力薄弱的表现，也是缺乏自制力的表现。孩子还小，他们并没有完全地融入社会生活中，也没有足够多的社会生活经验,所以他们更多地受到情绪的影响,由此一来,情绪和脾气也就会随时爆发。

孩子小时候主要在家庭和幼儿园里生活,得到了父母和老师无微不至的照顾,所以他们很少会感到不满足,发脾气的机会也就相对比较少。在进入一年级之后,老师并不会对每一个孩子特别照顾,这样一来,孩子就感到非常不适应,这也让父母感到困惑:孩子以前挺乖巧的,现在为什么总是爱发脾气呢?稍微有点不满意,孩子就会打人骂人,攻击性还非常强。看到孩子这样异常的表现,父母不要感到惊讶,而是要发掘孩子行为背后的心理原因,才能够有的放矢地解决问题。

实际上,每个人都有脾气,只不过有的人脾气比较小,有的人脾气比较大。那些脾气小的人往往都是脾气好的人,他们心胸开阔,遇到事情能够自己开解自己;而那些脾气大的人往往都是脾气坏的人,他们有了不满就会马上发泄出来,并不讲究方式方法,这样就会给身边的人带来强烈的情绪冲击。从本质上来说,发脾气是发泄不良情绪的一种方式,可以帮助孩子缓解心理上的压力,但是如果孩子总是肆无忌惮地发脾气,就会失去好人缘,使同龄人离开他,不愿意和他相处。出现这样的情况,孩子就不能建立良好的人际关系,在成长的过程中也就没有同龄人的陪伴,是非常孤独和寂寞的。

尽管情绪是天然形成的,每个孩子也都理所当然地会有自己的小脾气,但是孩子经常发脾气不利于保持稳定的情绪,不

利于形成健康的性格。所以当父母发现孩子经常大发脾气的时候，当父母发现孩子被情绪奴役的时候，就应该采取合适的方式安抚孩子，并且以正确的教育方法引导孩子，从而让孩子的心情恢复平静。

最近这段时间，萱萱的脾气越来越坏，越来越大。有的时候，和妈妈一言不合，她就会生气地回到自己的房间里，把房门关起来。即使妈妈在门外喊他，她也不吱声。有一天，萱萱正在看电视。爸爸下班回来了，看到萱萱坐在客厅里看电视，对萱萱说："萱萱，你看了多久的电视了？是不是该写作业了？把电视让给爸爸看一下球赛吧，这可是爸爸期盼已久的球赛啊！"

爸爸非常友好地跟萱萱商量这件事情，萱萱却突然愤怒地喊叫起来："不行！不行！你快给我滚！"说着，萱萱还走到爸爸身边，伸出小手使劲地推着爸爸。看到萱萱这样的举动，妈妈非常严厉地说："萱萱，你怎么能这么跟爸爸说话呢？你必须跟爸爸道歉！而且你已经看了很长时间电视，你要回到房间里写作业。"妈妈的话音刚落，萱萱就生气地把遥控器摔在地上，跑到自己的房间里把门关上了。看到萱萱这样的举动，爸爸妈妈四目相对，谁也不知道应该说什么。

看到孩子突然爆发的脾气，爸爸妈妈也许很有一种冲动，想要冲上去揍孩子一顿，但是如果揍孩子就能解决孩子的情绪问题，那么情绪问题也太容易解决了。实际上，盲目地批评和训斥，甚至是打骂孩子，都不能解决孩子的脾气问题，父母要找到孩子乱发脾气的原因，才能够有针对性地帮助孩子消除脾气。

有的孩子发脾气是为了博取父母的关注。很多父母因为忙于工作，平日里会忽略孩子，那么对于乖巧的孩子，他们就会更加地放心，但孩子调皮捣乱的时候，他们却会一反常态地关注孩子。渐渐地，孩子就意识到，如果想和父母一起玩，或者满足自己的要求，他们就应该以各种各样的方式吸引父母的注意力。当求抱抱的行为不能够得到满足的时候，孩子就会采取极端的方式，例如，砸坏家里的东西，胡乱发脾气，对着父母吼叫，这样都能够成功引起父母的关注。

有些孩子的逆反心理很强。他们为了和父母唱对台戏，所以故意和父母唱反调，例如，父母让他们睡觉，他们偏偏要写作业；父母让他们写作业，他们却要看电视；父母让他们吃饭，他们却要吃零食。总而言之，父母让他们往东，他们就要往西，他们似乎天生就是为了和父母作对的。在这种情况下，如果父母与他们针尖对麦芒，他们就会大发脾气，使自己和父母都下不了台。对于这样的孩子，要采取"顺毛驴"的方式，激励孩子自主地做出决定，而不要总是命令孩子，否则孩子的逆反心理就会越来越强。

很多时候，孩子之所以乱发脾气，是因为情绪失控。6岁的孩子自我控制能力有限，当心中感到不满或者愤怒的时候，他们就会做出一些极端的行为，例如，用哭闹尖叫等方式来表达

心中的愤怒。有的时候，孩子的要求得不到满足，也会采取这样的方式去要挟父母。在这种情况下，父母要坚持原则，对于可以满足孩子的事情，那么当然要满足孩子；但如果涉及原则性问题，就要坚持原则，切勿盲目地顺从孩子的要求，否则只会让孩子越来越任性自私，肆无忌惮。

不可否认的是，孩子承受能力还很差，特别是对于疼痛疲劳等的承受能力更是很差。他们很难面对各种不如意，比如孩子感到饥饿的时候或者劳累的时候，或者感到孤独的时候，都会采取发脾气的方式来表达内心的感受。在这种情况下，父母应该及时地给予孩子一定的安慰，帮助孩子排解各种各样的痛苦，从而使孩子恢复平静。切勿忽略孩子的痛苦或者不满的感受，否则就会让孩子的脾气变得越来越糟糕。例如，事例中的萱萱，她原本正在看电视，也许感到非常疲惫。但这个时候爸爸却让她去写作业，就引起了她的不满。如果父母能够更多地关心孩子当时的感受，那么孩子大发脾气的次数就会逐渐减少。

总而言之，每一位父母都希望自己的孩子情绪稳定，因为这不但关系到孩子的成长和学习，也关系到孩子的社会交往和人际交往，更关系到孩子的心理健康。在日常生活中，父母不要太多地宠爱孩子，虽然父母爱孩子是本能，是天经地义的事情，但一定要把握好爱的限度，尤其是不要溺爱孩子。很多父母只要求孩子在学习上有更好的表现，在生活中从来不让孩子做任何事情，这样一来，孩子就会变得很骄纵。父母可以给孩子更多的机会去做一些家务事，也可以给孩子一些机会去决定一些小事情，这样才能够培养孩子独立自主的能力。

当孩子陷入情绪的漩涡中无法自控的时候，父母还可以采取转移注意力的方式，帮助孩子保持情绪的平静。例如，利用周围环境中的某种事物吸引孩子的注意力，再如，利用孩子喜欢吃的食物让孩子暂时放下不开心的事情。这样一来，孩子渐渐地就能够学会控制自己的情绪。总而言之，孩子并非天生就是情绪的主人，反而天生就会受到情绪的影响。所以在和孩子沟通的时候，父母要选择以正确的方式去进行，这样才能够跟孩子之间有更好的亲子互动。

如何指导爱动的孩子

每当接到老师从学校里打来的电话，说孩子不遵守课堂纪律，在课堂上总是动来动去的时候，父母就会非常抓狂。好动似乎是孩子的天性，从1岁开始学会走路，孩子就开始了不停地奔跑。很多住楼房的父母都有这样的困扰，那就是楼下的邻居经常跑上来找门，嫌弃孩子在地上跑来跑去的动静太大。但是父母对此也无可奈何，除了给孩子养成规律的作息时间，让孩子避免在晚上应该睡觉的时候影响楼下的邻居之外，父母并不

我的孩子6岁了

能让孩子乖乖地坐在那里。所有的孩子都天生好动，他们对一切事情都感到非常好奇，尤其是对外部的世界更是充满了探险的精神。但是，有些孩子确实是太过于好动了，导致他们上课的时候都不能坐在座位上专心地听讲。在面对学习的时候，他们总是会想着游戏的事情，无法做到积极主动地学习。在这种情况下，孩子的好动已经超出了正常的范围，所以父母要积极地引导孩子，教会孩子保持专注力，也要让孩子更好地配合老师上课和学习。

如果爸爸妈妈能够集中在一起开一个大会，那么一定有很多爸爸妈妈都在抱怨孩子的好动。在家里，孩子常常一整天都

不睡觉，而是不停地动来动去，很多父母都说孩子除了睡觉的时候能够保持安静之外，其他的时间都在不停地哭闹、不停地游戏、不停地玩乐，片刻也不得消停。对于好动的孩子而言，最正常的就是坐不住。如果孩子一直处于动的状态下，那么就无法集中注意力学习，也不能够有效地掌控自己的言行举止。长期发展下去，孩子的心理发展就会受到影响，而且孩子的学习成绩也会非常糟糕。对于6岁的孩子来说，尝试着上一堂四十分钟的课程，是很大的挑战。那么，父母在孩子进入6岁之后，哪怕孩子正在上幼儿园大班，也应该有意识地培养和发展孩子的专注力，这样孩子在学习上才会有更好的表现。

父母需要明白一件事情，就是活泼好动和多动是有本质区别的。很多父母都不能区分清楚孩子到底是活泼好动，还是多动，那么究竟如何界定孩子的行为到底是属于多动还是属于活泼好动呢？

通常情况下，好动的孩子都非常喜欢打闹，有无法集中注意力的典型特点。有的时候，为了获取关注，他们会变得非常活泼好动，或者他们对于眼下正在做的事情感到无聊和乏味，就会无法集中注意力。尤其是在面对枯燥的学习任务时，大多数孩子都不能在学习中找到乐趣，也不能激发自己对学习的兴趣，更无法在面对学习的挑战时获得成功。他们很容易三心二意，还有的孩子是因为好奇心太强，一旦到了新的环境中，就对于周围的一切都感到新奇，也忍不住想要探索周围的一切。

这使他们无法坐在那里保持专注，而是想四处走走看看。父母要了解孩子好动真正的原因，然后才能够采取有效的方式帮助孩子解决好动的问题。

当孩子专注地做一件事情的时候，他们不会有很多多余的小动作。细心的父母会发现，即使是好动的孩子，在看到自己喜欢的动画片时，也能够坐在电视机面前瞪大眼睛，专注地盯着电视机。对于孩子来说，根本不需要任何人去约束他，他们就能够做到这一点，这是因为孩子对于动画片特别感兴趣，也很喜欢看动画片。由此可见，父母要想让孩子保持专注，就要让孩子做他们喜欢和感兴趣的事情。也许孩子一开始专注的时间是很短暂的，随着他们做喜欢的事情保持更长时间的专注，他们的专注力也会得到提升。

除了要培养孩子的专注力之外，还要锻炼孩子的自控力。一味地告诉孩子要保持自我控制，当然不能起到很好的效果，明智的父母会用游戏的方式锻炼孩子的自控力。6岁的孩子尽管已经开始进入一年级进行学习，但是他们依然非常热衷于游戏。父母可以和孩子一起玩有趣的游戏，在游戏的过程中锻炼孩子的自控力。例如，很多小朋友都喜欢玩的木偶人游戏，就可以让孩子们在一定时间之内保持稳定不动，如果动了，那么就会犯规，还要受到一定的惩罚。这样的游戏充满趣味性，孩子很喜欢参与其中，并且乐此不疲。在游戏的时候，父母还要引导孩子怎样才能表现得更好，这其实也是在提升孩子的专注力。

要为孩子营造良好的学习环境。如果学习的环境非常嘈杂，孩子显然很难专心致志。只有在安静的环境中，孩子才能够静下心来学习，所以当孩子学习的时候，父母不要发出嘈杂的声音，以免吸引和分散孩子的注意力。

细心的父母会发现，很多孩子之所以拖延完成作业，是因为他们总是做各种各样的小动作，有些孩子明明只需要花费半个小时就能完成作业，最终却用了两个小时才完成。但是，他们作业的质量并没有因为作业时间的延长而得以提升，相反，他们作业的质量会很差。在这种情况下，父母们如果能够限定孩子完成作业的时间，例如，规定孩子必须在半个小时之内完成作业，那么就会发现，随着作业时间的缩短，孩子完成作业的质量非但不会下降，反而会得到提升。这是因为限定时间能够让孩子保持专注。

当然，每个孩子都有不同的情况。作为父母，要做到了解自己的孩子，也要知道孩子爱动的根本原因。只有在此基础上，再根据孩子的具体原因进行有效地处理，才能够起到最好的教育效果。

引导孩子不要盲目冒险

每个父母都希望自己的孩子非常勇敢，而不希望自己的孩子胆小怯懦，当然所谓的勇敢是勇于尝试，敢于冒险，而不是盲目地勇敢。那么，有目的的勇敢与盲目的勇敢有什么区别呢？盲目的勇敢指的是初生牛犊不怕虎，难道牛犊真的不害怕老虎吗？其实不是，只是因为牛犊自从出生从来没有见过老虎，所以它不知道自己正在面对的老虎是非常危险的。由此可见，牛犊是因为无知才不怕老虎。真正的勇敢是明知道老虎是很危险的，依然能够采取有效的方式战胜老虎。在培养孩子过程中，切勿把孩子培养得勇敢过了头，胆大包天，这样一来孩子就会受到很多伤害。有些孩子看到老师都不知道敬畏，看似很勇敢，实际上只是无知，也是不懂得礼貌的表现。还有一些孩子对于父母所说的一些话总是瞪大眼睛，不以为然，这也是非常糟糕的。

孩子的确需要勇敢，但是过度勇敢却会让孩子惹上各种各样的麻烦，甚至会受到伤害。例如，在过马路的时候，看到有车驶过来，却不知道躲避，还说自己一点都不害怕，这样会让孩子受到人身伤害。再如在下楼梯的时候，孩子并不能保持一定的速度，而是会飞速地往下下，结果一脚踏空导致骨折的严重后果，这也是孩子所不能承受的。孩子固然要勇敢，却更要有一颗敬畏之心。对于生活中的很多事情，只有怀着敬畏之心，才能够确定自己的行为边界，才能够避免给自己造成伤害，也才能够避免给老师和家长增加负担。作为父母，我们固然要鼓励孩子勇敢，但不要纵容孩子无所忌惮，一定要正确地

第 07 章
6 岁孩子的活跃内心——帮助孩子保持心理健康很重要

引导孩子，让孩子不要盲目地冒险，要让孩子有意识地做出勇敢的举动。

初生牛犊不怕虎的勇敢，实际上是因为孩子处于特定的心理发展阶段。6岁的孩子缺少人生的经验，对于很多事情都不感到害怕。但是他们的自我意识却正处于快速发展的过程中，他们希望自己能够摆脱父母的依赖和帮助，更加独立自主地完成很多事情。在这种心态的影响下，他们会变得非常叛逆。父母不要把自己的意愿强加给孩子，否则孩子就会变得畏手畏脚，也会因为被禁锢而做出更加激烈的反抗，甚至会用胆大包天的行为来表达自己的抗争之意。让孩子学会真正的勇敢，父母要给孩子提出适当的引导和帮助，而不要总是纵容孩子。

很多6岁的孩子都没有规矩的意识，他们总是想做什么就做什么，尤其是在家庭生活中，如果父母总是满足孩子的很多欲望，而且从来不和孩子讲规矩，那么孩子在进入学校之后，就会毫无规矩意识。对于老师的各种规定，他们尽管听到了耳朵里，却并不记在心里，尤其是在行动上，常常打破老师的规定。毫无疑问，这对于老师管理孩子们是没有好处的，而且也会给老师增加很多的麻烦。

在如今的网络时代里，孩子可以通过网络受到很多负面的影响。如果孩子总是接受负面的影响，他们对于规矩的意识就会越来越淡漠，实际上，不知道遵守规矩对于孩子是非常糟糕的。曾经有人在野生动物园里下车，结果被老虎咬死，也曾经有人翻越围墙进入动物园，结果掉入了虎山中，被老虎伤害。这些行为实际上都是人为因素导致的，所以父母一定要培养孩子的敬畏之心，让孩子能够有甄别地接受外界的影响。当然，对于6岁的孩子而言，他们可能并不具备这样的甄别能力，那么父母作为孩子的监管者，需要为孩子识别这些良莠不齐的信息，让孩子接受积极的影响。

在家庭生活中，父母除了要给孩子订立规矩，尊重孩子的独立权，给予孩子一定的独立自主的能力之外，还要避免对孩子太过唠叨。有的时候，唠叨会出现心理学上的极限效应，导致孩子非但不听从父母的话，反而故意跟父母对着干。6~7岁的孩子已经具有了人际沟通的能力，而且具有了一定的理解能力，他们不但有自己的想法，也能够听懂父母的意思，所以父母可以多多地与孩子进行沟通，尤其是在精神层面上与孩子进行交流。在和孩子相处的时候，不要总是居高临下地对待孩子，而是要能够平等地对待孩子，也真正地尊重孩子。

在日常生活中，父母还要注重培养孩子良好的性格品质。如今，越来越多的人都非常浮躁，父母在教育孩子的时候要有足够的耐心，尤其是在对孩子提出意见的时候，只要父母用心表达，孩子就能够积极地采纳，也认真地听取。在面对老师，长辈的时候，孩子要能够做到尊重长辈，尤其是在有分歧的时候，要能平静地与他人沟通，表明自己的立场和观点，也能够认真思考他人的立场和观点。唯有如此，孩子才会越来越稳重，越来越踏实。当孩子变得稳重踏实，那么他们各方面的能力就会增强，他们的心理力量也会越来越强大。他们当然能够进行理性的思索，从而变成真正的勇敢者。

第 08 章
6 岁孩子的自控能力——他已经可以管理好自己

6 岁孩子已经初步具备自控能力，虽然他们还不能完全管理好自己，但是只要父母引导得当，他们还是可以有更好的表现。最重要的在于，父母不要总是认为孩子不具备任何能力，也不要总是认为孩子什么都不能做。有的时候，父母的信任会让孩子的能力快速增强，也会让孩子有更好的自我认知。

不要苛求孩子

随着不断成长，孩子的自我意识越来越强，而对于父母来说，最大的挑战在于，父母从孩子小时候就对孩子寄予了至高的期望，但是随着孩子一天天长大，父母不得不接受一个事实，那就是孩子并不像父母想象得那么优秀，其实是一个非常普通平凡的人。父母与孩子之间的矛盾，大多数来源于父母觉得孩子是属于人群中1%的凤毛麟角，而实际上孩子只是普普通通的人，他只能过普通的生活，取得普通的成就。在孩子小时候，父母对孩子的期望越高，等到孩子长大了，父母也就会感到越失落，心理落差也就越大，所以父母最大的难关在于自己的内心，要接受孩子的普通和平凡，要相信孩子就是这样的。

还有很多父母因为自己小时候没有良好的条件去学习，没有考上心仪的大学，或者没有实现伟大的理想和志向，就会在不知不觉之间把自己的理想和志向都托付给孩子，希望孩子能够代替他们完成理想和志向。不得不说，这对孩子是非常不公平的。每个人都有自己的人生，孩子并不是父母生命的代替者，也不是父母理想的继承者。也许父母有远大的志向没有实现，而孩子只想过普通平凡的生活，也有一些普普通通的农民家庭里，寒门出了贵子。所以说父母与孩子之间的人生不要捆绑在一起，父母要尊重孩子对于人生的选择，尤其是在培育和教养孩子的过程中，更要避免苛求孩子。父母越是苛求孩子，就越是会对孩子失望，而父母对孩子失望会使亲子关系进入恶性循环之中。所以明智的父母会摆正心态，以平常心与孩子相处，也以淡然的态度面对孩子。

现代社会不仅父母非常疲惫，承受着巨大的工作压力，还要照顾家庭和孩子，孩子本身也是非常疲惫的，因为孩子从小就要在父母的安排下上各种课外补习班、各种培训班。这样一来，孩子难免会感到心力交瘁。甚至有些孩子因为不堪重负而患上了严重的身心疾病。实际上，父母要摆正心态，即使想培养孩子的某一种特长或者兴趣，也应该尊重孩子的天性。在发现孩子在哪些方面比较感兴趣之后，父母再下大力气去培养孩子，这样才能够事半功倍。如果父母不分青红皂白，看到别的孩子学习某项技能，就让自己家的孩子也去学习，看到别的孩子参加了校外培训班，也让自家的孩子去参加。这样的盲目跟风，只会让孩子感到不堪重负。

很多父母都不明白为何孩子在各个方面的表现都不能让父母满意，实际上这并不是孩子的原因，问题的根源在于父母。

父母对孩子感到失望，是因为父母对孩子有过高的期望和要求。要知道，孩子的内心是非常脆弱的，他们并没有形成正确的、稳定的自我认知，而是会采取"拿来主义"，把父母对他们的评价作为自我认知。有的时候，父母对孩子的要求太高，孩子不管怎么努力都无法达到父母的要求，就会感到特别失落。有的时候，父母对孩子的要求比较低，那么，孩子又会觉得轻轻松松就达到了父母的要求，因而得不到成长。正确的做法是给孩子提出适度的要求，所谓适度，指的是这个要求是孩子需要努力才能够实现的。这样一来，孩子就会努力地实现这个目标，在此过程中提升自己各方面的能力。

毋庸置疑，每个父母都望子成龙，望女成凤。心理学家认为，人都是需要审美的，也是渴望求知的。从这个角度来看，孩子们自身就很渴望学习知识，也很想让自己变得更加优秀。如果外界的力量太小，那么孩子就不能得到促进；如果外界的力量太大，那么就会压抑孩子自身求知上进的本能，甚至使孩子产生逆反心理，不愿意再继续努力上进。所以父母在对孩子寄予期望的时候，一定要给予合理的期望，而且要适度地期望孩子。6岁的孩子充满了好奇心，他们对这个世界感到非常好奇，喜欢尝试各种各样新鲜的事物。与此同时，他们的内心又非常敏感。他们并不想被失败打击，他们只想在失败的过程中不断地成长。和父母一样，他们也非常渴望成功。所以父母在看到孩子失败的时候，切勿对孩子冷嘲热讽，而是要认识到必须给孩子雪中送炭，帮助孩子度过失败的难关，孩子才能够获得振奋内心的力量，变得越来越积极上进。

父母要以正确的态度看待孩子的成长。很多父母对于孩子都怀着恨铁不成钢的态度，因为他们觉得孩子必须为父母实现愿望，必须把父母未尽的心愿完成，而且很多父母还喜欢把孩子的学习成绩和学习表现与其他孩子作比较。殊不知山外有山，人外有人，一个孩子即使再优秀，也肯定会在某些方面不如其他孩子，在这种情况下，父母一旦觉得自家孩子不如其他孩子，就会狠狠地训斥孩子。孩子的内心还很稚嫩，面对父母的训斥，他们会感到无以应对，也有一些孩子会自暴自弃，破罐破摔，甚至故意与父母对着干。显而易见，这并不是父母想要得到的结果。

每个父母都应该认识一个道理，那就是对于孩子而言，最大的成功是成为他自己。父母要发自内心地尊重孩子，热爱孩子，要平等地对待孩子，要对孩子更加宽容。当孩子的表现不能让父母如愿的时候，父母要知道孩子为什么做出这样的表现，这样才能够走进孩子的内心。此外，父母还要适当降低对孩子的要求。孩子的成长是一个漫长的过程，孩子的进步需要点点滴滴的积累，只有降低对孩子的要求，让孩子自由地成长，让孩子能够在成长的道路上表现得更好，才能激发孩子的天性，使孩子得到更加迅速的进步。不管什么情况下，苛求都不能培养出优秀的孩子。父母要尊重孩子的成长节奏，也要让孩子按照成长的轨迹去成长。父母要真正地尊重和爱护孩子，给孩子自由的环境，让孩子遵循内心的指引，实现自我的突破，获得想要的成就。

我的孩子6岁了

尽量不要命令孩子

很多父母教育孩子的观念还是比较传统的，在家庭生活中，他们认为父母是尊长，是家庭生活的主导者，而把孩子看成是家庭生活的顺从者，所以他们经常用命令的口气对孩子说话，强迫孩子做各种各样的事情。当父母总是这样居高临下，对孩子颐指气使，那么孩子就会产生逆反心理，无法更好地与父母配合，也不能让家庭教育起到最好的效果。如果孩子始终在接受父母的命令之后才能做各种各样的事情，那么他们就会缺乏主动思考的能力，也不会形成主动行动的积极性。渐渐地，孩子的性格就会越来越懦弱，这对于孩子的成长是极其不利的。

那么，孩子为什么不愿意服从父母的命令呢？从生命发展的角度来看，孩子是独立的生命个体，是世界上与众不同的存在。孩子虽然年龄还比较小，但是他们的自尊心很强。从内心深处来讲，他们很希望父母能够尊重自己，也平等地对待自己。很多父母觉得爱孩子就是要把孩子管得死死的，就是要照顾好孩子生活的每一个方面。实际上，孩子并不这么想。通过感知父母对待自己的态度，他们会明确父母到底有多爱自己，也会明确自己在父母心中处于怎样的位置。孩子们很不喜欢接受父母的命令，更不喜欢父母强制要求他们做一些事情，这是因为孩子有自己的喜好。每当父母对孩子进行强迫手段的时候，孩子就会产生逆反心理，而且还会情绪激烈地反抗父母。很多年幼的孩子因为愿望得不到满足，会采取哭闹、厮打等方式来与父母做抗争。随着渐渐长大，到了6岁前后，孩子们如果再被父母强求，或者是被父母禁止做某些事情，他们就会因为不满而感到郁郁寡欢。和幼儿发泄情绪的方式不同，6岁的孩子情绪显得更加内敛。在这种情况下，父母如果不能够明确意识到命令孩子给孩子带来的伤害而经常命令孩子，那么就会导致孩子的成长经历很不愉快。

为了改变这种情况，父母应该怀有耐心对待孩子，对孩子的成长要有一颗平常心，不要觉得孩子一定是与众不同的，也不要觉得自己的孩子是世界上最棒的。实际上，每个孩子尽管与众不同，但是他们都是平凡的生命。父母要接受孩子的普通和平凡，尤其是当孩子在学习上表现得并不那么出类拔萃时，父母更是要有耐心，要认识到孩子的表现都是合理的。真正理想的亲子关系是，在孩子需要的时候，父母既能够站在父母的高度上帮助和指引孩子，也能够成为孩子的朋友，与孩子敞开心扉进行交流。特别是当孩子犯错误的时候，父母切勿劈头盖脸、不分青红皂白地数落孩子。对于孩子而言，犯错正是成长的过程，如果一个孩子不犯错，他就不会得到成长。父母切勿总是站在成人的角度上来评判孩子的正确与错误，而是要能够设身处地地站在孩子的角度上思考。面对很多问题，父母还要能够换位思考，帮助孩子解决问题，尤其是不要以对成人的高

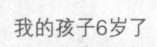

标准、严要求来要求孩子。父母时刻都要记住，孩子正处于特殊的身心发展阶段，要尊重孩子的成长节奏，也要尊重孩子的内心需求，这样才能够真正与孩子友好地相处。

父母对孩子要有耐心。很多时候，6岁的孩子会因为专注于某一件事情而听不到父母说话。父母即使冲着孩子喊叫好几声，孩子也会充耳不闻。这并不是孩子故意不听父母说话，而是因为他们正专心致志地做着手里的事情，沉浸在自己的世界里，所以对于外界发生的一切无知无觉。每当孩子进入这样的专注状态，父母要抓住机会培养孩子的专注力，而不要粗暴地打断孩子正在做的事情，否则，孩子的专注力就无法得到良好的发展。即使孩子犯错了，父母也不要着急，而是要心平气和地为孩子指明错误，并且耐心地引导孩子改正错误。越是孩子在犯错误的时候，越是需要父母的指引和帮助，所以父母一定要耐心地对待孩子。

在和孩子沟通的时候，父母尤其需要掌握的一个原则就是多多建议孩子，少用命令的口气强求孩子。看到孩子顽皮捣蛋，很多父母都会歇斯底里对孩子说："这是最后一次警告你！"这样的话除了让孩子感到痛苦之外，还有什么好处呢？很多孩子都因为父母说出这句话而感到内心痛苦，这是因为他们的感情本来就非常脆弱，但是他们的心思却细腻敏感。父母之所以不知道孩子的痛苦，是因为孩子还不能够灵活地用语言表达自己内心最细腻的感受。有些孩子的性格比较倔强，他们就会做出一些行为来反抗父母，例如，号啕大哭，拳打脚踢。但是有些孩子本身性格比较内敛，即使内心觉得不满意，也不会表达出来，而是一直闷在心里。渐渐地，他们就会越来越压抑，使自身的性格不能得到良好的发展。

父母如果能够做到不命令孩子，而是经常建议孩子，那么孩子就会觉得自己得到了父母的尊重，也得到了父母的平等对待。例如，提醒孩子睡觉。到了洗漱的时间，父母可以对孩子说："马上要睡觉了，是不是应该把小屁屁洗洗啦？"而不要对孩子说："赶紧去洗，否则我就要揍你！"这种带有威胁性的话语会给孩子带来很糟糕的交流体验。在规定的时间到达之前，父母提前提醒孩子，例如，告诉孩子再有五分钟就要上床睡觉，这样孩子就可以做好心理准备，也可以更加配合地做该做的事情。

总而言之，孩子虽然因着父母来到这个世界上，但是他们并不是父母的附属品，也不是父母的私有物。父母要发自内心地尊重孩子，也要真正平等地对待孩子，这样才能够与孩子有良好的亲子相处。以建议的口吻和孩子说话，还可以给孩子选择的空间。很多父母对于孩子唯唯诺诺的表现都不满意，其实孩子并非天生就很怯懦，而是在成长的过程中总是被父母指挥和命令，渐渐地就失去了主见。如果父母能够意识到这一点，在和孩子相处的过程中，在陪伴孩子成长的过程中，每当遇到一些小的事情时，能够主动征求孩子的意见，也能够积极地采

纳孩子意见，那么孩子就会变得越来越自信。在家庭生活中，当发生一些与孩子有关的事情时，父母一定要让孩子参与进来。即使是与孩子无关的事情，也可以让孩子作为家庭成员发表意见。当孩子形成了一种观点，认为自己是家庭生活中不可或缺的一员，他们就会更加看重自己，在家庭生活中也会表现得更加活跃。这对于培养孩子的信心是非常有好处的。

根据孩子的能力制订规矩

很多父母为了让孩子的言行举止符合自己的预期，也为了让孩子的发展按部就班，就会制订各种各样的规矩来限制孩子。教育学家蒙台梭利说过，如果我们能够把羁绊孩子的人为事物和那些自以为用来教导孩子更守规矩的暴力行为放置在一边，那么，孩子就会在我们面前呈现出完全不同的一面，这崭新的一面会让我们感到欣喜。虽然很多父母和教育工作者都知道应该尊重孩子的天性，但是实际上当孩子表现出特别顽皮的一面时，作为父母和老师都感到特别抓狂。尤其是每天和孩子朝夕相处的父母，看到孩子不听指令，更是恨不得把孩子变成机器人，能够按照父母的旨意去做各种各样的事情。当然，从教育的角度来讲，孩子这样僵硬的表现并不好，因为这意味着孩子失去了个性，变成了流水线上的产品。对于老师来说，当看到孩子在课堂上不遵守课堂纪律，总是随意地做各种事情，甚至影响旁边的同学听课，心中总会升起一股怒火。不管是父母还是老师，在面对孩子的时候，都希望孩子能够乖乖地听话。尽管他们内心深处知道孩子的个性表现在各个方面，越是活泼的孩子越是充满了活力，但是在真正面对孩子的时候，他们还是希望能够节省更多的时间和精力，不用在教育方面耗费所有的心力。

正是基于这样的想法，父母和老师都会为孩子制订各种严格的规矩。有的时候，他们为了让孩子整齐划一，甚至忽略了孩子的个性发展和身心所处的阶段特点，对孩子提出各种过分的要求。实际上，要想让规矩起到更好的效果，制订规矩的时候，就必须结合孩子的能力，根据孩子的能力发展和身心发展来为孩子做好各种事情。

如果孩子始终在非常严格的规矩之下成长，什么事情都不敢做，不管做什么小事情，都需要得到父母的同意，那么孩子的内心就会非常怯懦。有的时候这种怯懦并非天生的，也许孩子原本是外向活泼的，却因被规矩压抑，所以才会表现出畏缩的一面。社会中经常会发生这样的事件，那些平日里看似乖巧的孩子，突然之间做出了让人震惊的举措，而且这样的举措有可能带来非常严重的后果，甚至会对他们的一生造成重要影响，这是为什么呢？孩子为什么突然之间就有了这样的转变呢？其实就是因为孩子的内心压抑了太久，所以他们的负面情

我的孩子6岁了

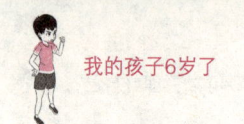

绪才会突然爆发出来。

随着社会上类似的新闻不断发生，人们忍不住扼腕叹息：孩子们到底是怎么了？他们从小就接受规矩教育，也很懂得遵守纪律，难道是父母的教育方式出了问题吗？的确，如果一个向来遵守规矩的孩子做出了令人意外的表现，那么就意味着父母的压力管教已经超出了他们的心理承受能力。其实孩子本身就会具有一定的规则，他们也天生就能够进行自我管理，所以父母要做的不是用硬性的标准来限制孩子，而是要激发孩子对于规矩的理解和领悟，通过寻找到合适的契合点，让孩子实现更好的自控。

对于规矩，很多父母都处于两个极端，有些父母觉得没有规矩不成方圆，必须为孩子制订规矩，孩子才能够言行举止更加规范。也有些父母认为，如果给孩子制订规矩，就会让孩子变得畏手畏脚，所以他们崇尚让孩子完全自由地成长。实际上，这两个极端都是错误的。在规矩与自由之间有一个平衡点，只有找到这个平衡点，孩子才能更好地遵守规矩，也只有找到这个平衡点，孩子才能够在自由的环境中快乐地成长。6岁的孩子好奇心非常强，他们对这个世界充满了探索的欲望，所以父母应该给孩子更大的空间，让孩子自由地进行探索，也应该给孩子更大的自由度，让孩子进行自我管理。父母要想一劳永逸地管理好孩子，只给孩子制订规矩是远远不够的，而是要激发孩子的自控力，让孩子能够实现良好的自我管理，这样孩子才能具有内部的驱动力，规范自己的言行，控制自己的冲动，主宰自己的情绪。

在职场上，一个人的职位越高，他所拥有的权力也就越大，反之，一个人的职位越低，他所拥有的权力也就越小。教育孩子也同样是如此，如果孩子各方面的能力都没有得到发展，那么，给孩子太大的自由度，是对孩子不负责任的表现。反之，如果孩子各方面的能力都得到了快速的发展，那么父母就应该给孩子更大的自由，这样一来，孩子才会有更好的成长表现。

父母的规矩不应该非常琐碎，尤其是对于6岁的孩子而言，如果说孩子小时候父母会规定孩子在各个方面的所作所为和具体表现，那么当孩子6岁的时候，父母应该把这些条条框框适当放松，让孩子可以在这各种条条框框的限制之中，自由地成长。例如，孩子早晨想穿一件裙子，妈妈无须拿出一件裙子，更不要告诉孩子"今天你只能穿这件裙子"，而是可以提供两三件裙子，让孩子自己选择。如果孩子出现选择困难的情况，妈妈还可以引导孩子做出选择。如果妈妈经常给孩子这样的机会去选择，那么当孩子未来遇到其他选择的时候，就会更加理性，也会更加明智。

在和孩子制订规矩的时候，父母不要单方面地强行制订规矩，而是要鼓励孩子说出对于规矩的感受。尤其是在家庭生活中，父母不要只针对孩子制订规矩，这样会让孩子感到不公

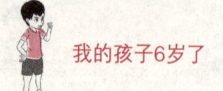

平，一切的规矩都应该面对所有的家庭成员，父母应该陪着孩子一起遵守规矩，这样孩子才会愿意遵守规矩。例如，妈妈规定孩子不能吃冰激凌，那么可以问问孩子对此有什么看法，如果孩子能够头头是道地说出自己的理由，那妈妈可以适度让步。如果孩子也觉得妈妈不让自己吃冰激凌是正确的，那么她就会配合妈妈遵守规矩。有的父母规定孩子晚上要早一点睡觉，但是父母自己却睡得很晚，看着家里到处灯火通明，或者知道爸爸妈妈正在看电视，孩子怎么能安心地睡觉呢？要想为孩子形成良好的作息规律，父母就要和孩子一起关灯，一起上床睡觉，这样孩子才会更愿意配合父母遵守规矩。

孩子的成长是一个漫长的过程，要想让孩子实现自我管理，父母更是要付出极大的耐心。在孩子面前，我们要给孩子做出良好的榜样，要善于控制自己的情绪，也要能够主宰自己的行为，更要主动地遵守规矩。如果父母"只许州官放火，不许百姓点灯"，那么就无法在孩子面前树立权威。有些父母看到孩子几次三番地触犯规矩，会训斥孩子不长记性，或者给孩子一些物质奖励，让孩子遵守规矩。这样的做法都只是看到了眼前，而不能起到长期良好的效果。在制订规矩的时候，父母还要注重培养孩子各方面的能力，孩子的能力越强，他们享受的自由度就会越大，那么，父母在制订规矩的时候也就会更加粗放。反之，孩子各方面的能力越弱，他们享受的自由度就会越小。那么，父母在制订规矩的时候，就要事无巨细照顾到孩子成长的方方面面。每个父母都盼望着孩子能够快快长大，然而孩子长大并不是朝夕之间的事情，需要父母非常用心地陪伴孩子，与孩子一起成长。

纠正孩子的行为偏差

所有父母都希望孩子能够身心健康地快乐成长，但是在成长的过程中，孩子的行为难免会出现偏差。每当这个时候，父母不要着急地批评孩子，也不要劈头盖脸地否定孩子。如果孩子在成长的过程中出现了问题，那么父母一定是脱不了干系的，所以，父母不能把自己放在与孩子对立的面上来批评和否定孩子。不管发现孩子身上出现了怎样的问题，都先要进行自我反思，主动地反省自己在教育的过程中是否犯了错误，这样才能够引导孩子更快乐地成长。

从心理学的角度来说，孩子之所以会出现行为偏差是有原因的，有些孩子是故意做出一些调皮捣乱的行为，为了寻求父母的关注；有些孩子是想要寻求权力，所以故意发脾气，顶撞父母，从而试探父母的原则和底线，让自己在家庭生活中有更大的权利；还有的孩子是出于仇恨心理而报复他人；少数的孩子表现得非常冷漠自闭，是因为他们自暴自弃，对自己失去了信心。不管出于哪种方面的原因，在孩子出现行为偏差的时

候，父母都要探究孩子行为背后深层次的心理原因，才能有的放矢地帮助孩子解决行为问题。

年纪越小的孩子越是容易出现行为偏差。例如，2~3岁的孩子常常会做出让父母生气的事情，但是对于6岁的孩子来说，他们已经具备了一定的自控能力，所以当孩子出现行为偏差的时候，往往是有目的而为之。也就是说，和2~3岁的孩子出现行为偏差相比，6岁的孩子更像是故意出现行为偏差。因此父母要了解孩子的心理状态和情绪状态，才能够积极有效地引导孩子纠正错误的行为，让孩子的行为回到正轨上来。

极少数的父母在发现孩子有行为偏差之后会缺乏耐心，当即就批评和否定孩子。实际上，父母是孩子最好的教育者，也是孩子在进入学校学习之前最早的老师和最亲密的陪伴者。父母是孩子的老师，孩子是父母的镜子，这就意味着，当父母发现孩子出现问题的时候，不要先急于指责孩子，更不要打骂和斥责孩子，而是要先反省自己，给予孩子更多的爱和关注。在家庭教育中，爱是最好的疗伤药，能够治愈孩子心中一切的疾病与痛苦，所以父母要始终对孩子充满爱，这才是对孩子真正负责任的态度。

对于孩子不同的行为偏差，父母们要采取不同的行动。当然，虽然孩子的行为偏差是不同的，但是他们出现行为偏差的原因是可以概括总结的。如果父母能够把这些原因分析清楚，那么就可以有针对性地解决问题。让很多父母抓狂的是，有些

第 08 章
6 岁孩子的自控能力——他已经可以管理好自己

孩子特别喜欢哭,不管遇到什么事情,他们都哭闹不休,这会让父母感到非常疲惫,甚至是崩溃。其实,对于爱哭的孩子来说,如果他们只是以哭为手段来要挟父母,那么父母完全可以对他们采取冷处理的方式,给他们相对独立的时间和空间去发泄情绪。而有些孩子是天生喜欢哭,他们就是用哭来表达自己的情绪和感受,在这种情况下,父母要给予孩子一定的尊重,切勿训斥孩子,更不要禁止孩子哭泣。情绪就像是流水,只能够疏通而不能够堵塞,如果父母要求孩子坚决堵塞情绪,那么孩子就会更伤心难过。

很多出现行为偏差的孩子都是被漠视的,他们为了寻求关注而刻意做出过激的行为。在家庭生活中,父母不要因为忙

于工作或者为了照顾其他的孩子，就对某一个孩子特别忽略。父母一定要关注到每一个孩子，而且在和孩子说话的时候要注意措辞，不要因为无意之间的一句话，就对孩子造成很大的伤害。如今提倡赏识教育，虽然赏识不能泛滥，但是多多赞赏孩子还是很有好处的。一则可以让孩子得到父母的肯定，增强孩子的自信心，二则可以让孩子得到父母的赞美，让孩子变得越来越愿意与父母亲近。父母是孩子最亲密的照顾者，孩子每一点一滴的进步，父母都要看在眼里。当发现孩子有了小小的进步，或者在某些方面有改善的时候，父母一定不要吝啬自己的赞美之词，而是要当即就夸赞孩子。父母要知道，孩子是非常信任父母的，父母的一两句夸赞就能够给孩子很大的信心和勇气。

帮助孩子克制冲动

孩子的情绪很容易冲动，但是很多父母都忽略了对孩子的情绪进行引导，也忽略了培养孩子健康的心理。大多数父母都非常关注孩子的身体健康，实际上和身体健康相比，心理和情绪的健康才是更重要的。只有拥有积极乐观的心态和健康的心理，孩子才能坦然面对成长过程中的各种坎坷与挫折。6岁的孩子对这个世界充满了好奇心，他们想了解世界上一切的事物，他们各方面的能力都得以增强，所以他们会更加积极和主动。

但是6岁的孩子并不具备为自己的行为负责的能力，他们有着初生牛犊不怕虎的勇敢，也有着非常强烈的冲动感受。他们无法预期自己的某种行为将会产生怎样的结果，常常会遭受挫折和打击。每当这个时候，父母不要一味地批评和否定孩子，也不要禁止孩子采取行动，而是应该让孩子学会调节情绪，能够控制冲动。这样一来，孩子就会成为自身情绪的主人，有更好的成长表现。

很多成年人总是虚伪地掩饰自己的内心，相比之下，孩子的喜怒哀乐都是非常真实的，这些情绪都从他们的心底源源不断地流出，还配合着他们的行动。很多时候，成人认为一件事情不值一提，孩子却会把这件事情看得比天还大。所以，成人不要对孩子的情绪不理解，而是要理解孩子强烈的情绪波动。在强烈的情绪驱使下，孩子有可能会做出一些过激的举动，他们会不顾一切地实施行动。特别是对于男孩而言，当靠着讲道理不能够实现目的的时候，他们就会采取一些暴力的手段去攻击他人，这样一来会使他们的人际相处面临很大的挑战。小朋友们都不愿意和喜欢打人的孩子一起玩，喜欢打人的孩子自己也会非常苦恼。

需要注意的是，孩子的冲动情绪只能维持很短暂的时间，当他们在冲动的驱使下做出了一件让自己后悔的事情之后，他们很快就会陷入懊悔的情绪中，也会因为可能发生的

严重后果感到担心和害怕。然而，这只是他们一时的情绪。等下一次再发生类似的事情时，他们又会陷入冲动的状态之中，做出过激的举动，这就像是一个非常糟糕的循环，循环往复，无法逃脱。

从心理学的角度来说，6岁的孩子并不能进行良好的自控，他们的情绪调节能力也处于发展的较低阶段。又因为孩子的情绪不稳定，在生活中，他们常常与身边的人发生各种各样的互动，所以他们的情绪就会剧烈地起伏。在家庭中，父母也常常

会因为各种原因而训斥打骂孩子，这也会让孩子的情绪非常波动。要想帮助孩子保持情绪稳定，父母要引导孩子学会控制情绪，尤其是要远离冲动。人们常说，冲动是魔鬼，对于孩子来说也同样如此。如果孩子常常陷入冲动之中，就会做出各种让自己懊悔的事情，想要弥补却已经没有了机会，这样当然是非常令人遗憾的。

从心理学的角度来说，情绪并没有好坏之分。情绪就是人的一种情感反应，在情绪的支配下产生的行为，因为有不同的后果，所以才有了好坏之分。由此可见，我们虽然不能禁止孩子产生各种情绪，却要引导孩子掌控自己的情绪，避免孩子做出糟糕的行为。

在家庭生活中，如果父母本身是容易情绪冲动的，也会给孩子造成负面的影响。父母是孩子最好的老师，父母的一言一行都被孩子看在眼里，有些父母在孩子面前并不注意自己的言行举止，这就在无形中给孩子造成了负面影响。要想教会孩子疏导负面情绪，控制冲动，父母就要做好孩子的榜样，以身示范，让孩子知道对于各种事情应该采取怎样的态度。当孩子发泄情绪的时候，父母切勿对孩子歇斯底里，否则非但不能够帮助孩子控制情绪，还会导致孩子的情绪更加冲动。例如，孩子生气发飙的时候，父母也不顾一切地生气发飙，这无异于火上浇油，会让孩子觉得只有愤怒和冲动才是解决问题的最好方式。明智的父母在这种情况下会克制自己的情绪，冷静地对待

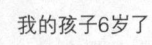

孩子，也避免训斥和恐吓孩子。父母唯有给孩子树立好榜样，孩子才能够学会像父母一样疏导负面情绪，把压抑的愤怒和恐惧以正确的途径宣泄出来，从而避免情绪大爆发。

除了给孩子做好榜样之外，父母还要教会孩子调节情绪的技巧，让孩子学会表达。很多孩子面对内心的情绪，都不会用语言将其表达出来，而只会用行动，然而行动往往是过激的，会引起严重的后果。如果孩子能够心平气和地用语言表达自己的情绪，把一些不高兴的事情说出来，使情绪得以宣泄，那么就不会导致更严重的后果。除了用语言表达之外，还可以采取转移的方法，例如，孩子正在因为一件事情而特别生气，或者正处于情绪的暴风漩涡之中，那么父母可以带着孩子离开这个暴风漩涡，让孩子暂时离开情绪的传染源，这样一来，孩子就能渐渐地恢复情绪平静。

如果孩子的性格本身是非常内向的，有任何问题都不愿意和别人倾诉，那么渐渐地，负面情绪就会在孩子心中积压，孩子的情绪就会越来越糟糕。如果孩子非常自卑，对自己没有信心，觉得自己什么都做不好，他也会非常焦虑不安，所以父母要帮助孩子进行心理疏导，经常与孩子进行沟通，也要抓住生活中的各种机会，帮助孩子建立自信。自信的孩子更加乐观坚强，自信的孩子也会回报给他人以好的善意，从而让自身的情绪更加健康。

延迟满足，增强孩子自控力

前面说到了诱惑，其实孩子们受到诱惑的程度与孩子的欲望强度是成正比的。孩子的欲望越强，他们就越容易受到诱惑，因为他们有太多的愿望想要满足；孩子的欲望越弱，他们就越容易抵制诱惑，这是因为他们并没有那么多的心愿需要满足，他们对现实的生活感到心满意足，也就不会想要奢求其他。

很多妈妈都发现，现在的孩子特别骄纵，他们想要什么玩具就要买什么玩具，想吃什么食物就要买什么食物，而且在爸爸妈妈用辛辛苦苦挣来的钱满足他们的欲望后，他们并不知道珍惜，把刚刚买来的玩具就扔到一边，或者对新买来的美食吃了几口就不吃了。看到孩子这样不懂得珍惜父母的辛苦，父母也往往感到非常无奈。与此同时，很多孩子做事情还会三心二意，他们前一分钟还想做这件事情，后一分钟就会改变想法。他们在和小朋友相处的时候，也总是以自我为中心，要求小朋友们都让着自己，根本不顾其他的小朋友怎么想、怎么看。在这样的心态影响下，孩子们变得非常孤独，因为他们无法与人友好地相处。每当遭受挫折的时候，他们的内心也非常脆弱，总是觉得自己特别委屈，不愿意再让自己承受一点点委屈。长此以往，孩子只会变得越来越脆弱，无法面对成长过程中的各种坎坷和挫折。

看到孩子们成长中这样不好的表现，爸爸妈妈们往往都

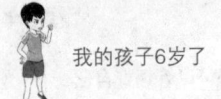

非常担忧，他们总是想方设法解决孩子成长中的难题，却没有意识到家庭教育正处于恶性循环之中：为了满足孩子的欲望，他们拼尽全力地给予孩子更多，当他们给予孩子更多的时候，孩子就越发地不知道满足。正是在这样的恶性循环之中，父母与孩子之间的关系变得越来越尴尬。如果说孩子小时候父母对于孩子的各种欲望还能够尽量满足，那么随着孩子不断成长，看到孩子非但不知道父母的辛苦，还对父母提出各种过分的要求，父母只会觉得非常伤心。所以，父母要利用延迟满足的方式来帮助孩子控制欲望，这样孩子的内心才能够更加强大。

那么，什么叫作延迟满足呢？美国心理学家米歇尔做了一个实验。他给很多孩子每个人一颗糖果，在把糖果分发到每个孩子手里之后，他因为有事情要离开大概十几分钟，才能回来。在离开之前，他告诉孩子们："如果你们能够等到我回来再吃糖果，那么我会额外再奖励你们每人一颗糖果。当然你们也可以选择现在就吃掉糖果，那么你们就只有这唯一的一颗糖果。"说完，心理学家就离开了实验的场地。其实，他在离开之后就通过监控设备观察孩子们。他发现，孩子们的表现各有不同。有的孩子当即就把糖果剥开放到嘴里津津有味地吃了起来，有些孩子为了得到更多的糖果，努力控制着自己不吃掉糖果。为了控制自己，他们或者闭着眼睛睡觉，或者对着糖果吐口水，或者把糖果放到自己看不到的地方，用这种方式来战胜糖果的诱惑。结果，他们之中的一部分终于等到教授回来才吃掉糖果，当然他们也得到了另外一颗糖果作为奖励。

心理学家对这些实验对象进行了长期的跟踪调查，发现那些能够延迟满足的孩子在成年后都有了很大的成就，而那些无法抵御糖果的诱惑，当即就吃掉糖果的孩子，则成就平平。由此说明，一个人如果能够把控自己的欲望，就能够战胜自己，成就自己。反之，一个人如果被欲望打败，那么他们在很多情况下都无法有良好的表现。

当然，在利用延迟满足帮助孩子控制欲望的时候，也要把握合适的限度。有些父母会延迟很长时间才满足孩子，使孩子感到非常暴躁。要想进行延迟满足，就要控制好时间，让孩子在适度的时间内得到满足，这样孩子才会更加配合。最简单的例子，一个不能延迟满足的孩子，在去小区公园里玩秋千的时候，如果发现秋千上有其他的孩子，他就会哭闹不休，既不愿意排队，也不愿意等待。反之，一个能够延迟满足的孩子，他也会有良好的规矩意识，他会等到秋千上的小朋友下来之后再去玩秋千，显然这样就能够避免矛盾的发生。

孩子不可能永远在家庭生活里长大，他们随着不断成长，终有一天要离开父母的身边，去社会中生存和发展。他们除了跟父母、同学、老师打交道，还要跟社会上形形色色的人打交道，所以父母要让孩子意识到，不可能所有的愿望都能得到满足，从而让孩子形成正确的意识，这样孩子才会更好地控制自己。在对孩子进行延迟满足训练的时候，要区分孩子的合理要

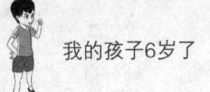

求与不合理要求。对于孩子合理的要求,父母要尽量满足;对于孩子不合理的要求,如果涉及原则性问题,则要坚决拒绝,如果这个不合理的要求并不是不能满足的,那么可以采取延迟满足的方式,让孩子知道只有等待才能得到满足,让孩子在此过程中学会控制自己。提升自我控制力。

第 09 章
6 岁孩子的自我管理——品质是人生的基石

　　要想培养孩子的自我管理能力,父母一定要注重培养孩子的优秀品质。在社会生活中,每个人除了要接受法律的约束和道德的规范之外,还要接受自我的管理,才会有更好的行为表现。6 岁孩子的自我管理,同样要以品质为基石。孩子在漫长的人生中需要形成的品质很多,父母要先培养孩子最重要的品质,为孩子的人生奠定基础。

让孩子承担犯错的后果

6岁的孩子好奇心特别强，又因为自主行动的能力增强，所以他们对这个世界充满了探索的欲望。很多时候，他们并不能准确地预见自己的行为会产生怎样的后果，也不能预估将会发生怎样的危险，这就使得他们具有初生牛犊不怕虎的勇敢。他们不管看到什么事情都敢尝试，不管看到什么东西都想亲自去触碰，他们做一件事情并不是经过理性的思考，只是凭着本能去展开行动。在这样的情况下，孩子难免经常会闯祸，或者做错一些事情，承担严重的责任。如果这样的责任是孩子本身所无力承担的，那么父母就需要为孩子付出代价。在这样的过程中，父母常常感到无奈，因为他们对于这个行走的"不定时炸弹"充满了担忧。那么，如何才能够让孩子明确自己的行为边界，在做错了事情之后，能够避免再次犯同样的错误呢？这其实是有技巧的。

父母也会发现，如今的孩子很会推卸责任，哪怕他们做错了事情，也不会当即想到是自己的问题，而是会当时就把各种责任推卸到别人身上。例如，有的孩子忘记了带文具盒去学校，就会责怪妈妈没有替他收拾书包；有的孩子忘记写作业了，就会责怪爸爸没有提醒他；有的孩子非常懒惰，遇到问题只想退缩，就会责怪父母不帮助他；还有的孩子考试成绩不好，就说自己是因为粗心马虎。总之，孩子能够为自己的一切错误都找到原因和理由，对此爸爸妈妈感到非常无奈。

那么，孩子为什么总是这样不负责任？而且即便在犯了错误之后，还是一而再再而三地犯同样的错误，屡教不改呢？究其原因，根源并不在孩子身上，而是因为父母代替孩子包办了很多事情，也帮助孩子承担了做错事情的后果。这样一来，孩子在做错事情之后根本不会受到惩罚，也不用承担任何责任，所以他们就会感到非常轻松。很多父母虽然嘴上说不给孩子擦屁股，但是当孩子真正犯错误的时候，父母忍不住冲上前线去代替孩子接受惩罚，这直接导致孩子犯的错误越来越严重，越来越频繁。很多孩子之所以在同一个地方摔倒两次，在同一个错误上摔两次跟头，就是因为他们的心中没有禁忌。

明智的父母会意识到，让孩子自己承担做错事情的后果很重要。每个人都会犯错误，尤其是在孩子成长的过程中，更是会频繁地犯错误。如果说犯错误就是孩子成长的方式之一，也是无可指责的，但是对于孩子犯错误，父母要有明确而且正确的态度，那就是让孩子独自承担责任，不要对孩子的成长大包大揽。很多父母都没有意识到，父母言行处事的方式会对孩子产生直接且重大的影响。孩子从一出生就和父母一起生活，父母的一言一行都在影响着他们，有些父母本身也很喜欢推卸责任，他们很少进行自我反省，哪怕已经犯了错误，他们也只会

我的孩子6岁了

把责任推到他人身上，这样一来，孩子渐渐地就会形成与父母相似的性格，唯唯诺诺，不敢承担责任，这可是父母导致的。

不管从哪个方面来说，父母都不要为孩子承担错误的后果，这样才能够让孩子切实感受到自己所犯的错误带来了怎样的后果，他们才会进行深刻的反思，避免下次再犯这样的错误。

周末，洁洁在外面玩的时候，一不小心把皮球踢到了邻居的窗户上，把邻居的窗户玻璃砸碎了。洁洁撒腿就跑回家里，面色慌张。看到洁洁慌里慌张的样子，妈妈问："洁洁，你怎么了？"洁洁支吾了半天才说出了事情的经过，妈妈当即带着洁洁去一楼的邻居家里道歉，并且让洁洁拿出压岁钱赔偿给一楼邻居，让一楼邻居换新的玻璃。

看到洁洁登门道歉，一楼的邻居并没有说什么，反而拒绝了洁洁赔偿的钱。这个时候，妈妈说："请一定收下这笔钱，否则孩子会觉得自己犯了错误之后不需要负责。这个钱是孩子积攒的压岁钱和零花钱，正是因为如此，她才能够避免下次再犯这样的错误。"听了妈妈的话，邻居由衷地对妈妈竖起了大拇指，说："您这样教育孩子，孩子将来一定会成为一个非常优秀的人！"

因为踢皮球砸碎了邻居的窗户玻璃，洁洁付出了经济代价，而且还和妈妈一起去邻居家里登门道歉，这样的经历会让洁洁对于错误印象深刻，尤其是在下次遇到同样情况的时候，比如说又一次和小朋友在院子里踢球，那么她就会非常小心，尽量不把皮球踢到邻居的窗户上，这样就起到了最好的教育效果。

很多父母都觉得孩子还小，没有办法承担责任，实际上这样的思想完全是错误的。孩子尽管小，也是有一定能力的。父母虽然不能让孩子承担超出他们能力范围的责任，但是对于孩子能力范围以内的责任，父母应该尽量让孩子承担，只有这样，孩子才能够认识到自身要肩负着什么样的责任，他们在做事情的时候才会考虑得更加周全。否则，如果孩子不管做错了什么事情，都有父母为他们兜底，那么他们就不会用心地去思考一件事情能不能做，会引起怎样的后果了，也因此而越来越变本加厉，肆无忌惮。

教会孩子面对诱惑

近些年来，儿童被拐卖的事件时有发生。很多儿童在被拐卖之后，很多年都找不到亲生父母，人生因此而走上了其他的轨迹。很多孩子原本可以在父母身边快乐地成长，却被犯罪集团所控制，也有一些孩子虽然不幸地被卖到养父母的身边，还算能够正常成长。但是对于亲生父母而言，内心承受的痛苦是不言而喻的。

孩子3岁之后就已经初步具备了判断能力，父母要更好地与

孩子沟通，告诉孩子如何更好地保护自己。在日常生活中，父母要有意识地训练孩子，不与陌生人说话，不接受陌生人的玩具，有些孩子对于陌生人完全没有概念，也就是人们常说的不认生，看到陌生人给他糖果，他就会吃下去，看到陌生人给他玩具，他就会很开心地接受。殊不知，这样一来会把自己陷入危险之中。在孩子3~5岁，父母只要认真地教育孩子拒绝接受陌生人物品，就可以更好地保护孩子。当孩子到了6岁前后，他们的理解能力和思维能力都得以增强，在这种情况下，父母就更应该对孩子警钟长鸣，教会孩子保护自己。

生活中充满了各种各样的诱惑，尤其是对于年幼的孩子来说，他们不管看到什么都觉得新奇。有些孩子平日里的愿望得不到满足，如果有人对他们好一些，他们就会感到非常开心，也会无条件地信任他人。

例如，之前发生的女童失踪案。后来尸体在海边找到，就是因为那个租客住到女童家里刚刚几天，每天都给女童买好吃的、好玩的，带着她到处玩儿。所以她就越来越信任租客，包括女童的爷爷奶奶也信任了租客，让租客把女童带到了离开家之外的地方，导致了这个悲剧的发生。所以说社会上的诱惑是很可怕的，有一些坏人的脸上并没有写字，还有一些看似正常的人实际上是心理变态的禽兽。不管是小孩还是成人，尤其是作为父母，首先要有安全意识，才能够为孩子筑起安全的屏障，也才能更好地教育孩子。

如今的孩子接触的信息非常多，他们会在网络上看各种动画片，也会在电视上接触各种各样的视频。这样一来，他们就会受到各种信息的影响。其实不仅年幼的孩子会面临这些诱惑，长大了的孩子会面临更多的诱惑。例如，年幼的孩子只是喜欢吃一些美味的零食，玩好玩的玩具，那么长大了的孩子会面对更为严重的诱惑，如网络上的黄赌毒等都会对孩子的成长造成困扰。所以在很多中小学甚至大学里，都出现了孩子们因为不能经受诱惑而受到伤害的情况。作为父母，在孩子小的时候要帮助孩子建立安全的成长屏障，随着孩子不断成长，父母不可能始终在孩子身边保护孩子，那么就要让孩子树立安全意识，让孩子做好自我保护。

孩子为什么很容易被诱惑所吸引？是因为他们缺乏自我控

我的孩子6岁了

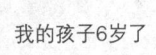

制的能力，而且他们并不能明辨是非。俗话说，知人知面不知心，画虎画皮难画骨。孩子们判断一个人是好还是坏，只是通过这个人是否给自己买好吃好玩的东西来思考和衡量，所以在日常生活中，父母要为孩子树立正确的观念，不要让孩子养成"有奶就是娘"的识人观。

此外，父母在教育孩子的过程中，还要为孩子树立正确的竞争观念。如今有很多孩子都存在输不起的现象，那就是他们在和别人竞争的时候，要求自己只能赢，强求自己不能输。为了赢过他人，为了赢得比赛，他们往往会采取不正当的竞争手段，也就是通过作弊的方式来获得成功。在这样的名利诱惑之下，孩子同样会偏离人生的轨道，奔向错误的人生目标。

对于6岁的孩子来说，他们的视野更加开阔，思维能力也更强，为了帮助孩子提升抵抗诱惑的能力，父母可以带着孩子观看一些科普类的知识。另外要增强孩子的心理素质，通常情况下，孩子的自主意识和自控能力不足，就会更加难以抵抗诱惑。此外，还要提升孩子的辨别能力，让孩子在面对形形色色的事情时具有甄别能力。在日常生活中，需要奖励孩子的时候，最好给孩子精神奖励，而不要以金钱和物质奖励来激发孩子的欲望，欲望越强，被诱惑的可能性也就越大。所以，父母要为孩子营造良好的、健康的成长环境，要提升孩子对于诱惑的免疫力，就要让孩子的内心更加强大。

不要纵容孩子

父母教育孩子要在严厉和纵容之间找到一个平衡点。毫无疑问，过度严厉的管教会使孩子内心产生恐惧，但是如果对孩子不加管束，过于纵容孩子，又会让孩子变得无法无天。所以父母最好的家庭教育是既不放任孩子，让孩子肆无忌惮，胆大妄为，也不过于禁锢孩子，让孩子畏手畏脚，缩头缩脑。

现代社会，大多数家庭里都只有一个孩子，所以很多孩子都变得越来越任性，越来越固执。例如，有些孩子去超市里的时候看到什么好吃的、好玩的都想买，如果父母不同意，他们就会大哭大闹；有些孩子在玩耍的过程中总是抢其他小朋友的玩具，根本不管这个东西是不是他们自己的，也不管其他小朋友是否同意；还有很多孩子在早晨起床的时候会赖在床上不愿意起来。他们好不容易穿上衣服，又不愿意好好地吃早餐，看着爸爸妈妈做好的早餐又要吃其他早餐。不得不说，他们是非常爱折腾的。每当看到这样的孩子。父母都会觉得很抓狂，因为大多数父母除了要照顾家庭之外，还要朝九晚五地工作，承担着生活的巨大压力。在这种情况下，如果父母不能更好地教育孩子，不坚决杜绝姑息纵容孩子的情况，那么孩子就会变得越来越骄纵任性。随着孩子不断成长，父母想要管教孩子就会难上加难。

孩子为什么会任性呢？其实孩子并不是天生任性的。每一

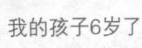

个新生命在呱呱坠地的时候都如同一张白纸，他们的性格等在很大程度上都是后天形成的。大多数孩子之所以任性，是因为孩子在自我意识的支配下想要按照自己的意愿做出一些行为。另外，也与父母的教育方式密切相关。6岁的孩子对于很多事情还不能够正确地认知和准确地判断，所以他们并不能完全知道哪些要求是合理的，哪些要求是不合理的，因而会对父母提出一些不合理的要求。在家庭教育中，有些父母觉得孩子的要求尽管无理，但是只需要付出很小的代价就能够满足，所以父母就不会和孩子斤斤计较，而是无条件地满足孩子。随着这样的迁就不断地进行下去，孩子的欲望就会越来越强，任性的表现也会越来越过分。等到孩子已经任性到不接受父母的管控，那么父母再想改变孩子就会很难。所以父母要想改变孩子，养育出理性的、讲道理的孩子，就要端正教育的心态，就要正确认知纵容的严重危害，这样才能够避免纵容孩子。

父母要认识到，给孩子自由的成长环境并不意味着对孩子放任自流。孩子缺乏自我管控的能力，所以管教孩子是家庭生活中必须做到的重要事情。如果父母对于孩子一切合理和不合理的要求都不加区分地统统满足，那么孩子就会在溺爱之中形成自私无理的坏习惯。此外，孩子一旦发现自己可以通过任性的方式来要挟父母，那么他们就会越来越肆无忌惮。毫无疑问，没有人喜欢与这样的孩子交朋友，这不但会影响孩子的性格形成，而且对于孩子未来的人际交往和社会交往都是很不利的。

正如一位伟大的教育家所说，溺爱是对孩子最大的害，所以父母一定要杜绝溺爱孩子。溺爱不但会害了孩子，而且会让父母失去做父母的权利。在溺爱中成长的孩子，长大之后从来不知道感恩和回报父母，而且会对父母缺乏尊重之心。所以父母不要觉得孩子还小，就对孩子一味地纵容，越是在孩子小时候，父母越是要认真慎重地培养孩子，要给孩子灌输正确的观念，这样孩子将来长大之后才能成人成才。

教会孩子坚持不懈

看到做事情半途而废、三心二意的孩子，父母往往会感到发愁，有些孩子因为害怕甚至不愿意开始，那么这样的孩子长大之后如何应对成长的艰难？如何面对不如意的生活呢？为了让孩子将来有能力去独自应对生活，父母们应该从小就培养孩子坚持不懈的好习惯。

现代社会有很多孩子都有很浓的畏难心理，这是因为他们在家庭生活中有什么愿望都能得到满足，有什么欲望都会被父母实现，所以他们越来越骄纵。他们从未感受过失败的滋味，也从来没有为了实现一个目标而付出努力，哪怕只是遇到小小的困难，他们第一反应就是要放弃。还有一些孩子为了避免付出辛苦，索性选择了彻底逃避。

对于6岁的孩子而言，刚刚进入小学一年级，所以需要适应，需要学习。在适应小学阶段学习生活的过程中，孩子会面临很多困难：有的孩子姓名的笔画比较多，那么在学习写名字的时候，他们感到非常困难，写着写着就不愿意继续写下去了；还有些孩子看到自己不能够顺利地学会写名字，甚至哭起来。对于这样脆弱的孩子，父母如果不能够早早地培养他们的心理承受能力，培养他们顽强的意志，他们在学校生活中的表现就会更加糟糕。

对此，很多父母的做法都是错误的。例如，每当看到孩子畏难的时候，父母就会代替孩子去做很多事情；每当看到孩子不能够把事情坚持到底的时候，父母很少要求孩子要坚持，而是会同意孩子半途而废。父母这些行为都是在助长孩子的脆弱，对于培养孩子顽强不屈的意志没有任何好处。

要想让孩子学会坚持不懈，就要知道孩子为什么做不到坚持不懈。从年龄的角度来分析，6岁的孩子保持专注力的时间是有限的，所以他们在做很多事情的时候，如果事情本身的难度比较大，也需要花费很长的时间才能完成，他们就无法保持长时间的专注。在心理学上，对于能否坚持完成一件事情，有一个术语，那就是坚持度，指的就是孩子能否持续地面对困难，直到战胜困难。如果孩子的坚持度很高，那么在遇到难题的时候，他们就能排除万难，坚持不懈；如果孩子的坚持度很低，那么即使遇到只有一点点难度的事情，或者是面对之前从未尝试过的事情，他们也会感到畏惧和退缩，从内心认为自己根本不可能做到，所以就情不自禁地选择了放弃，甚至一遇到困难，马上就选择了放弃。

孩子很小的时候，坚持度就有所体现。例如，孩子2~3岁开始学习拼搭积木，有的孩子能够用积木拼搭出非常复杂的东西，而有的孩子却只能用积木拼搭出简单的东西，并且只玩很短的时间就会放弃，这就是坚持度影响了孩子的快乐，影响了孩子能否全心投入地去做一件事情。

当孩子的坚持度不能让我们满意的时候，作为父母，我们一定要有耐心地培养孩子，让孩子坚持不懈，这何尝不是父母的坚持度更高的表现呢？每个孩子都应该进行良好的自我管理，尤其是在面对难关的时候，更是要能够做到迎难而上，这样才能够坚持成长，扫清成长道路上的一切障碍，也才能够变得更加坚强。

也有一些父母急功近利，在看到孩子某些方面的表现不能让他们满意的时候，他们总是会否定孩子，或者给孩子贴标签，责问孩子："你怎么这么笨呢？你就不能够表现得好一点吗？"父母可能觉得对孩子说这些话没有关系，实际上会对孩子的心理造成很严重的伤害，也会让孩子变得越来越自卑。要想让孩子更加坚持，最好能够让孩子获得小小的成就感。对于孩子来说，小小的成就感就能够激励他们战胜动摇的内心，让

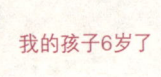

他们更加全力以赴地去做好每一件事情。而成就感是通过父母对他们的激励得到的,所以父母不要再对孩子说那些泄气的话,而是要多多激励孩子,让孩子更勇敢地去做一些事情。

6岁的孩子正处于学习的重要阶段,在孩子学习新技能的时候,父母要给孩子做好榜样和示范。如果为了激励孩子,父母还可以与孩子之间开展比赛,例如,在比赛过程中,虽然我们轻而易举就能赢了孩子,但是为了让孩子对比赛更加充满热情,更愿意投入比赛,我们也可以假装输给孩子,这样一来,孩子就能够体验到比赛的乐趣。这何尝不是帮助孩子坚持下去的好方法呢?俗话说,人生不如意十之八九,做每件事情都是有一定难度的,都需要持之以恒才能获得成功。父母要想让孩子体验到成功,就要激发孩子的自信,父母要想让孩子能够坚持不懈，就要让孩子能够战胜困难，向着成功不断地迈进。

引导孩子形成判断力和是非观

年幼阶段的孩子缺乏认知能力和判断能力，所以他们在对外界事物进行认知的时候，会以父母的认知为标准，甚至在对自己进行认知的时候，他们也会把父母对他们的评价拿来作为自我评价。如果孩子始终生活在父母的权威之下，那么他们的判断能力就会越来越差，他们就无法辨别真实伪善。对于孩子的一生而言，判断力是必不可少的，所以父母应该从小就培养孩子这方面的能力，而不要总是把孩子看得死死的，更不要总是想要指挥和命令孩子。

在2岁之前，孩子并不能把自己与外部世界区分开来，他们误以为自己与外部世界是一个整体。2岁之后，孩子才能够把自己与外部世界区分开来，在此过程中，他们的自我意识越来越强，他们开始形成是非判断的观念。细心的父母会发现，越小的孩子在考虑一切问题的时候，越是以自己为出发点，例如，几个月的孩子只根据自己的喜好来做各种事情，2~3岁的孩子也会基于自己的情绪和感受来做出判断。而随着渐渐长大，孩子们才具有了更加开阔的眼界，也具有了更加明智的思想。他们能够跳脱出自身的局限，更敏感地看待各种问题。

在传统的教育观念之中，很多父母对孩子唯一的要求就是希望孩子是乖孩子、好孩子，希望孩子特别听话，最好能够对父母言听计从。实际上，一个真正听话的孩子并不是好孩子，过于听话往往意味着他们没有自己的思想，没有自己的主见，所以总是唯父母马首是瞻，总是对父母所做的一切都认为是对的。还有一些孩子具有很强的向师性，他们盲目崇拜老师，对于老师说的错话也会当成是正确的。当父母的观点与老师的观点不同时，他们并不会去区分和辨别谁的观点是正确的，而是无条件信服老师。当然，随着不断成长，孩子在经历了小学中低年级后，进入高年级，他们已经进入了青春期的早期，所以思想会更加深刻。因为自以为已经长大了，所以他们不会再像之前那样对老师无条件崇拜和盲目地信任。他们有了思辨意识。当然，这种意识的形成，并不是随着年龄的增长而自然出现的，而且要在孩子小时候就对孩子加以引导和培养。

心理学家经过研究证实，孩子在2~3岁的时候就已经可以形成基本的是非观，所以父母在孩子2~3岁的时候，就可以有意识地启发孩子思考处理一件事情的策略，思考和评价一个人。2~3岁的孩子虽然并不具有很强的思维能力，但是他们知道哪些事情是可以做的，哪些事情是不可以做的。到了6岁前后，父母与孩子的沟通就会更加顺畅，父母可以与孩子去探讨一些事情，透过事情的表面看到事物的本质，也可以去与孩子讨论一些人。父母会发现又经过两三年的成长，孩子到了6岁的时候，对于父母所说的一切并不完全认为是对的，他们的主见越来越强，他们更想顺从自己的心意。

在引导6岁的孩子形成判断力和是非观的时候，父母不要一味地命令孩子。例如，周末爸爸妈妈带着孩子去公园里玩耍，孩子在草坪里跑来跑去，爸爸妈妈对孩子说"不要踩踏草坪"，孩子往往不会听从爸妈的话，因为他觉得爸爸妈妈在命令他，所以他反而会更加逆反。在这种情况下，如果父母能够改变说话的方式，让孩子学会换位思考，那么孩子就会更顺从地避免踩踏小草的举动。比如，父母可以对孩子说："小草被你踩疼了，你快别再踩小草了！"这样，孩子会想到自己感到疼痛的时候有多么难过，从而把自己的感受移情到小草的身上，于是主动地走出草坪，不再踩踏小草。与此同时，这么做不但能够让孩子听从父母的话，而且孩子还会进行一定的思考，避免以后再做出类似的行为。在此过程中，父母也能够帮助孩子建立正确的是非观，让孩子对很多事情都能做出基本的判断，这才是对孩子的成长有利的。

孩子的心灵就像一张白纸，上面什么也没有。父母作为孩子的第一任老师，也作为孩子最亲密无间的陪伴者和照顾者，理应慎重地在孩子的心灵上画上鲜艳的一笔一划，尤其是要让孩子早日明辨是非，形成基本的判断能力。父母早一些把这项工作做到位，孩子在面对复杂的人生时才能始终坚持做出正确的选择和明智的行为。

第 10 章
6 岁孩子的棘手问题——这里或许可以帮到你

　　6岁孩子有很多棘手的问题都急需解决，作为父母，如果不能了解孩子的身心发展特点和成长规律，就常常会被这些问题难住。在本章中，我们将会列举一些6岁孩子的成长困惑和烦恼，虽然不能涵盖6岁孩子一切的不如意，但是至少可以给父母提供一些思路，启迪父母的思维，让父母更有效地陪伴和帮助6岁孩子。

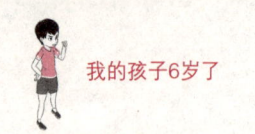

孩子是否会仇恨父母

　　说起孩子仇恨父母的事情，很多父母都觉得无法接受，他们认为自己辛辛苦苦地把孩子养大，孩子有什么理由来仇恨自己呢？为此，从父母的心底里就很抵触孩子的仇恨，他们不愿意承认孩子有资格仇恨他们，孩子有理由仇恨他们，孩子也可以因为任何原因而仇恨他们。所以在说起仇恨这个问题的时候，很多父母都不愿意就此进行深谈，哪怕他们曾经感受到孩子对他们偶尔的仇恨，他们也不愿意承认这个事实的存在。

　　实际上，对于6岁的孩子来说，他们的情绪是起伏不定的，也许前一分钟他们还因为与妈妈之间和谐友好的相处而非常爱妈妈，而后一分钟，他们就因为与妈妈之间产生了各种误解而仇恨妈妈。还有的时候，亲子之间也会因为各种各样的原因而发生争吵，甚至父母一生气还会给孩子两巴掌。在这种情况下，孩子怎么会不仇恨父母呢？试想一下，即使作为成人，哪怕平日里受到他人的恩惠，却突然受到他人不公正的待遇，内心也会觉得不满，所以对于孩子来说，因为各种原因而仇恨父母是很正常的现象，父母没有必要对孩子的仇恨感到非常恐惧。

　　在大多数家庭里，父母都不认为孩子会仇恨自己，这并非因为孩子心中从未有过这样的波澜，而是因为父母是家庭生活中高高在上的权威，孩子从没有机会来表达自己的仇恨。但是如果仔细地想一想，我们就会发现，在年幼的阶段，因为对父母不满，我们曾经在心中嘀咕过对父母的恨，也曾经小声地表达过对父母的不满。不可否认，有些家庭里的确是不起波澜的，不管是爸爸妈妈还是孩子都非常克制，他们之间能够比较平静地进行沟通，所以孩子哪怕对父母不满，也不敢小声地嘀咕出"我恨你"这三个字。而实际上，孩子的内心深处一定曾经这样想过，尤其是当孩子与父母之间产生各种误解的时候，或者正处于气头上的时候，他们心里肯定会这么想过。所以父母不要否定孩子这样的表现，而是要接纳孩子这样的想法，也要给孩子创造机会去表达真实的内心。

不可否认的是，如果亲子关系非常友好，彼此之间其乐融融，那么这当然是最好的情况。我们没有必要为了让孩子说出"我恨你"三个字，就故意惹怒孩子。明智的父母只会发掘孩子真实的内心，而不会故意地刺激孩子。

开学没多久，张杰就对妈妈感到非常不满。原来妈妈因为早晨上班的时间很紧，所以没有时间送张杰去学校。其他同学都是爸爸妈妈手牵着手，或者骑着电动车，或者骑着自行车，或者开着小汽车送到学校，张杰呢，每天都要提前20分钟出门，自己小心翼翼地沿着马路边走到学校里。

有一天早晨，张杰因为在路上看到了两个人在吵架，看了一会儿热闹，所以去学校就晚了。妈妈接到老师的电话，晚

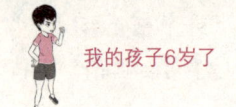

上回到家里劈头盖脸地数落了张杰一顿,张杰感到非常委屈,冲着妈妈喊道:"迟到不能怪我呀,别的同学都是爸爸妈妈送,只有我一个人可怜巴巴地沿着路边走。"对于张杰这样的辩解,妈妈不以为然:"我小时候才几岁就独自在家里,还会给姥姥做饭呢。你都已经6岁了,难道不能够自己独立去上学吗?"原本张杰和妈妈诉说自己的委屈,是想得到妈妈的谅解,却没想到妈妈给了他这么一句话,张杰的眼泪在眼睛里直打转,忍不住冲着妈妈喊道:"我恨你!你不能送我去上学,为什么要生我呢?"听到张杰的话,妈妈非常震惊,她从未想到张杰居然对这件事情这么耿耿于怀。

事后,妈妈仔细想了想,觉得张杰说的也有道理。虽然在父母这一代小时候都是自己去上学的,但是对于张杰这一代的孩子而言,生在大城市里,马路上车水马龙,非常不安全,而且因为没有人送张杰,张杰自己要走20多分钟才能到学校,所以早晨的时间就显得特别紧张。妈妈不由得又感到愧疚,她安抚了张杰,对张杰说:"嗯。是妈妈工作太忙了,所以才不能送你!我希望你能够原谅妈妈,因为爸爸的工作也很辛苦,挣不到足够的钱来养活全家,所以妈妈必须也努力工作,你明白吗?"在妈妈的一番解释之下,张杰的眼泪潸然而下,他说:"妈妈,我以后走路再也不看热闹了,我会快点走到学校的,这样老师就不会打电话批评你了。"

孩子的恨和爱都来得很快,然而归根结底,他们对父母更多的是爱。所谓的恨，其实只是孩子在情绪冲动下的一种表现，是他们不知道应该如何与父母抗争的时候发出的呐喊。作为父母，要多多理解孩子，不要因为孩子说出"我恨你"这句话，就觉得孩子心理扭曲，甚至觉得孩子心理变态。要知道，孩子说出"我恨你"就和孩子说出"我讨厌你"是差不多的意思，孩子的心思是非常单纯的。当他们的愿望不能被父母满足，当他们的正当理由不能被父母接受的时候，他们就会对父母感到不满。

即使在一个正常的家庭里，孩子也会对父母怀有恨意，所以父母不要觉得当孩子说出"我恨你"这三个字，就意味着家庭教育的失败，意味着家庭关系的扭曲。只有更好地与孩子相处，才能建立良好的亲子关系；只有接纳孩子的各种情绪，才能更平和地面对孩子。

如何对待输不起的孩子

2020年春节，因为受到疫情的影响，所以甜甜没有去幼儿园上学，爸爸也没有去上班。在家里自我隔离的一个多月时间里，甜甜每天都和爸爸下五子棋。随着持续的练习，甜甜的棋艺也越来越精进，从一开始下不过爸爸，到后来渐渐地可以与爸爸打个平手，到最后甜甜居然能够打得爸爸措手不及。每次

赢了爸爸，她就忍不住哈哈大笑起来。

看到小小年纪的甜甜居然有了这么大的进步，爸爸妈妈都感到很开心，不过甜甜也有一个特点，那就是她下棋输了的时候就会很伤心，有的时候还会哇哇大哭。孩子为什么会输不起呢？爸爸很奇怪，为了让甜甜保持愉快的心情，妈妈会要求爸爸故意输给甜甜，但是如果总是这样的话，妈妈又担心甜甜将来不能够面对竞争的失败，这可怎么办是好呢？

很多孩子都会有输不起的情况，尤其是在家里面，所有的长辈总是疼爱宠溺他们，也常常让着他们。在这样的环境中成长，他们觉得自己的一切愿望都理应得到满足，也渐渐形成了很强的争强好胜的心理。实际上，当孩子表现出输不起的情况时，就意味着他们还不适合进行这样的竞赛游戏，尤其是与年龄比他们大的人在一起进行竞赛的时候，他们很容易就会输掉，也很容易会情绪崩溃，这就意味着他们需要进行一种更缓和的游戏，或者需要更多的时间来提升对游戏的适应性和竞争力。

当看到孩子表现出输不起的特点时，父母无须担忧。因为毕竟不是每一个男孩从出生就是绅士，也不是每个女孩出生就是淑女。别说孩子了，就算是成年人，面对自己输惨了的情况，也会感到很尴尬，很难以接受。对于6岁的孩子而言，要求他们对失败谈笑风生，显然是很难做到的。

6岁的孩子情绪波动非常剧烈，他们对于一切事情看得都非常重，尤其是在竞赛的关系中，他们并不甘心于输给他人，所以让他们笑对失败几乎是不可能的。6岁孩子的人生准则就是，他们不但想要赢得一切的比赛，而且想在每场比赛中都成为第一名，把别人都远远地甩在后面。成人当然知道这是不可能实现的，但是他们却对此非常执着，他们坚信自己只要努力就能做到这一点，所以他们会更加固执地想要赢得所有比赛。

大多数父母心中6岁的孩子都表现得特别鲁莽，实际上是因为他们的内心缺乏安全感，尤其是在发生一些不愉快的事情时，他们总是会大声地喊叫甚至惊声尖叫，这是因为他们没有能力承认自己犯了错误，也不愿意承担错误引起的严重后果。尤其是在竞赛的过程中，他们一旦失败，就会采取哭闹的方式来转移他人的注意力，似乎这样他人就不会注意到他们的失败。所以在和6岁的孩子玩游戏的时候，我们一定要想尽办法保护他们，尽量不要让他们与那些高明的竞争对手展开竞争。如果父母和孩子竞赛，则应该想出一些技巧来让孩子至少能够赢得一次比赛，这样就可以安慰孩子的内心。当然，这就意味着父母不能够展示出自己的真实水平，而是要有一定的方法和策略，才能够让孩子赢得比赛的欲望与情感得到满足。

孩子挑剔衣服怎么办

每天早晨起床的时候，妈妈都会觉得非常痛苦，这是因为娜娜对于衣服的挑剔，真的已经超出了妈妈能够接受的程度。不管妈妈拿什么衣服给娜娜穿，娜娜都能找到不满意的地方，她或者对颜色不满意，或者对款式不满意，或者觉得松紧带勒得太紧，或者觉得松紧带勒得太松，或者觉得自己不喜欢纽扣的颜色或者领子的款式。总而言之，她就是这样，具有鸡蛋里挑骨头的本事，总是轻而易举就能在衣服上挑出各种各样的毛病来。虽然妈妈已经尽量保持平静面对娜娜的挑剔，但是在时间紧张的早晨，她还是忍不住会冲着娜娜河东狮吼。尤其是有一天，娜娜居然在早晨换了四套衣服，这让妈妈感到很抓狂。要知道他们去学校的时间只剩下五分钟了，但是娜娜还在几套不同的衣服之间犹豫呢。妈妈狠狠地说："以后我再也不早喊你了，早喊你也会迟到，干脆你就直接被老师批评罚站算了！"

原来，妈妈早上提前喊娜娜起床，就是为了让娜娜能够避免迟到，但是看到娜娜这样的表现，对衣服挑三拣四的，白白浪费了早晨宝贵的时间，妈妈感到很无奈。

6岁的孩子对衣物这么在意，而且对衣物的松紧等各种感觉那么在乎，这的确是一件让父母很厌烦的事情。有些孩子还对两只鞋子不同的松紧程度耿耿于怀，但是他们无论多么努力，都无法彻底地让两只脚对于鞋子的感觉完全相同，这是因为两只脚本身就不是绝对同样大小的。实际上，孩子在6岁前后，对于衣服的敏感程度的确会达到高潮，然后在此之后，他们对衣服就不会再那么敏感，所以父母不要觉得孩子是在节外生枝。

当孩子对衣服各种挑剔的时候，父母应该相信孩子的确是有这样的真实感受，而且确实是基于真实的感受才挑剔衣服的。这么想来，父母对于孩子的表现就会更容易接受。

当然，这并不意味着父母可以一味地容忍孩子。当孩子挑剔衣服已经超出父母忍耐极限的时候，父母可以告诉孩子他已经没有时间再去挑剔，或者告诉孩子自己的承受已经达到了极限，而要求孩子或者穿着身上的衣服去学校，或者只能再换一套衣服，总之不能够再继续挑剔了。这样一来，就给孩子设置了一个限度，孩子就不会无限度地挑剔。

有的学校里要求孩子必须穿着校服去学校，这样一来就避

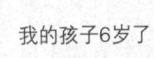

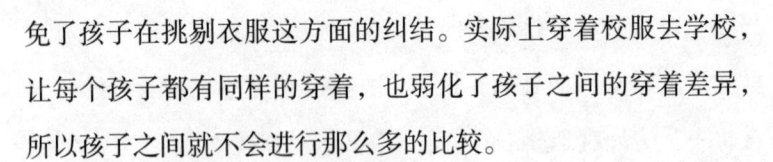

免了孩子在挑剔衣服这方面的纠结。实际上穿着校服去学校，让每个孩子都有同样的穿着，也弱化了孩子之间的穿着差异，所以孩子之间就不会进行那么多的比较。

明智的妈妈会有意识地帮助孩子放松紧张的心情，这是因为她们很清楚，越是在紧张的情况下，孩子就会越敏感，所以妈妈会想方设法地帮助孩子更加顺利地度过早晨的时光。在妈妈的帮助下，孩子们就能够更顺利地选择要穿的衣服。为了节省早晨的时光，妈妈们也可以在晚上入睡之前就为孩子准备好次日要穿的衣服。这样一来，既避免了早晨的时间很紧张，也可以有效减轻孩子的选择困难。幸运的是，对于6岁的孩子而言，他们已经可以独立地做很多事情，例如，他们可以自己扎头发，自己系鞋带。所以当他们觉得妈妈为他们做的事情并不能让他们感觉舒服的时候，他们就可以自己去做。至于衣服的质地，妈妈也可以跟他们沟通，为他们选择他们更喜欢的衣服质地。如果孩子特别有主见，那么妈妈尽量不要为孩子准备衣服，而是让孩子在两三套衣服中选择最喜欢的一套。记住，切勿让孩子在衣橱里选出最喜欢的一套衣服，否则，孩子很有可能用整个晚上的时间也不能够做出决定。

如果孩子真的非常磨蹭和拖延，那么妈妈也不要一味地催促孩子，因为对于拖延症严重的孩子来说，越是催促和拖延，他们越是不愿意加快速度。何不让孩子自己去收拾和打扮自己呢？妈妈就彻底地放手，当孩子因为拖延而迟到被老师批评的时候，他们就会在下一次抓紧时间。所以妈妈要更加淡定一些，可以提前跟老板报备一下，你可能会迟一些到单位，这样一来你就可以退居一边，静静地看着孩子们选择衣服了。

当然，并没有一个完全理想的方法来解决这个难题，妈妈们要做的就是让孩子知道，妈妈只能帮助他到一定的程度，而不能完全达到他的满意。如果他有能力达到自己满意，那么他当然可以去做；如果他没有能力达到自己满意，那么他只能退而求其次。当孩子认识到这一点之后，他们对衣服的挑剔程度就会渐渐降低。

孩子随手乱放东西怎么办

很多妈妈都会有这样的烦恼，那就是她们花费了很长时间，好不容易才把家里收拾得干净清爽，把每个东西都放到该放的位置上，但是一旦孩子放学回到家里，只需要几分钟，就会又把家里弄得一团糟。面对这样的糟糕情况，妈妈是选择第二天继续收拾，还是选择任由孩子胡乱堆放呢？如果继续收拾，那么花费几个小时收拾的心血又要在几分钟之内被搅乱了；如果任由孩子胡乱堆放，那么在孩子白天不在家的时候，自己就要忍受这样的凌乱。

孩子似乎天生就是破坏大王，他们不喜欢秩序井然的东西，而喜欢更随意地把东西放在各个地方。有些孩子还会故意搞破坏，他们会想方设法把家里弄得乱七八糟，似乎只有这样才会让他们感到舒服而又自在。看到别人家的孩子既聪明又有条理，把自己的房间收拾得井井有条，而且书包里也放得规规整整，父母们总是非常羡慕。那么，如何才能改掉孩子随手乱放东西的坏习惯呢？

如果父母经常唠叨和督促孩子要保持家里的整洁，但是却并没有起到良好的效果，那么再寄希望于孩子能够突然之间产生改变，这几乎是不可能的。有些孩子天生就不喜欢收拾东西，而有些孩子却天生就很爱干净。在这种情况下，后天的培养也起到一定的作用。如果孩子们被自己很重视的一个人批评，例如，因为书包乱七八糟，找不到作业被老师批评，那么他就很有可能会突然间改变。对于成人来说，也有很多人不能够让周围的环境保持干净清爽。甚至有一些人需要等到结婚生子之后，才懂得如何收纳。不得不说，收拾这个问题并不是只在孩子身上出现，而是很有可能在成人的身上也经常表现出来。

要想改掉孩子随手乱放东西的坏习惯，就不要总是跟着孩子收拾，最好是给孩子机会，让孩子自己去收拾。很多妈妈都是非常精明强干的，看到孩子把家里弄得乱七八糟，她们三下五除二就把家里收拾得干干净净。殊不知，如果妈妈每次都这么做，孩子就不能承担捣乱的后果，他们下一次还会继续这么乱放东西，因为他们从来不知道收拾东西有多么劳累。

第 10 章
6 岁孩子的棘手问题——这里或许可以帮到你

为了改变孩子的行为,父母可以让孩子负责收拾东西。当然看到这个提议,很多父母都会说,让孩子收拾还不如不收拾呢!的确,孩子在刚刚开始学习收拾家务的时候并不能做得很好,但是如果父母一直不让孩子收拾的话,孩子就永远也不能学会收拾家务。凡事都要有一个开始,都需要经历一个过程。既然如此,为何不让孩子早早开始呢?即使孩子收拾得不好,父母也要学会忍耐,激励孩子持之以恒地去收拾家务。在此过程中,孩子们渐渐就会意识到,做家务的人有多么辛苦,也就会产生维持的想法。其实一个干净整齐的家,只靠着暂时的收拾是不可能实现的,而是需要全体家庭成员都非常努力地去维持，才能在更长的时间里保持干净清爽。

经常乱丢东西的孩子还会面临一个困境，那就是会丢失很多重要的东西。例如，6岁的孩子在上学的路上，脖子上还挂着家里的钥匙，可能回家的时候就发现钥匙没了。这个时候，他们会打电话向爸爸妈妈求助。虽然钥匙并不是很贵重的东西，但是这会让孩子进不了家门。所以，当发现孩子经常因为乱丢乱放而丢东西的时候，最好在孩子的各种东西上都缝上他的名字。

为了激励孩子坚持做家务，还可以采取奖励的机制。例如，当孩子能够在一个星期之内保持房间清爽的时候，就可以奖励孩子看一场电影；当孩子能够在一个学期内都保持自己做家务的时候，就可以奖励孩子去一次游乐场。这样的奖励不是物质奖励，而是精神奖励，可以让孩子的精神更加充实。在这样长期维持的过程中，孩子会渐渐地养成良好的卫生习惯，这对于他们保持干净清爽的生活是非常有好处的。

孩子拉到身上怎么办

自从进入一年级开始学习之后，妈妈发现丹丹有了一个很明显的改变。原本丹丹是一个外向开朗的孩子，很喜欢说话，但是进了一年级之后，他变得沉默内向了。妈妈以为是因为丹丹已经成为了一年级的小豆包，正式步入了小学阶段的生活，所以才改掉了在幼儿园里整天傻乐的现象。然而又过了一段时间之后，妈妈发现丹丹有了更异常的表现，这才给予了足够的重视。有一天，丹丹居然在放学的路上把便便拉到裤子里了。要知道，丹丹在幼儿园的三年中，从来没有因为大便小便弄脏裤子，现在这样到底是怎么回事呢？

妈妈以为丹丹的问题是生理问题，所以带着丹丹去医院进行了全面的检查，还专门去看了泌尿科。医生在看了丹丹的各项检查结果之后得出了结论，对妈妈说："孩子并不是因为生理原因才会出现这样的情况，可能更多地要考虑精神因素和心理因素。我建议你最好带着孩子去看看专门的儿童心理门诊。"

在医生的建议下，妈妈带着丹丹看了儿童心理门诊。儿童心理门诊的医生详细询问了丹丹前前后后的表现情况，对妈妈说："很有可能孩子在学校里承担了过大的压力，所以出现了行为异常。"妈妈这才与学校的老师联系，得知丹丹在课堂听讲的时候无法长时间地保持注意力，而且作业完成的质量也很差。看到在幼儿园里懂事乖巧的丹丹，在小学阶段居然这么不顺，妈妈仿佛知道了问题的症结所在。

孩子之所以出现这样的行为，并不能算是非常异常。虽然这种行为并不普遍，但是对于6岁的男孩而言，出现这样的行为也是可以理解和接受的。其实丹丹出现这样的行为并没有严重到需要接受儿童心理医生治疗的程度。他只是因为在进入小学之后适应得不太顺利，心理压力比较大，所以才会出现一系

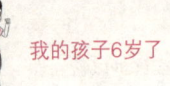

列的行为异常情况。作为父母，在发现孩子出现明显的行为异常时，内心一定是非常紧张和焦虑的，甚至会因此而迁怒于孩子，觉得孩子是故意为之。尤其是当孩子出现大小便异常的时候，父母在为孩子清理脏物的时候还会觉得非常恶心。其实，最终父母会明白孩子并不是故意这么做的，而是真的无法控制自己。

在这个事例中，妈妈带着丹丹去医院问诊，又在医生的建议下去看儿童心理门诊，态度还是非常积极的。毕竟孩子正处

于快速的成长和发展之中，如果出现行为异常，却不能够得到及时治疗，就会引起非常严重的后果。经过儿童心理医生一番专业的分析，妈妈也认识到这种情况是在一年级开学之后发生的，所以才能够联想到孩子开学之后是否承受了过大的学习压力。尽管孩子已经到了6周岁，但是每个孩子的身心发展是不同的，所以不一定所有的孩子都能适应学校的学习和生活。

为了避免再次出现这样的情况，早晨妈妈可以早一点喊丹丹起床，让丹丹在家里就解决大便的问题。如果孩子在大清早的时候没有便意，白天在学校的时候，妈妈也可以拜托老师帮忙，让孩子在放学之前上一个厕所。这样一来，孩子走在路上就不会有很明显的便意，也就不会出现把大便拉在裤子里的情况。此外，很多父母因为工作很忙，所以在放学之后不能第一时间去接孩子，会让孩子在学校里等待一段时间。等待的这段时间，对于孩子而言也是煎熬。为了避免孩子再次把大便拉在裤子里，父母要尽量在放学的时候就去接孩子，尽快地回家让孩子如厕。相信在尝试以上的这些方法之后，孩子的情况会大大好转。

除此之外，如果家庭条件允许，或者父母有精力，也可以在中午的时候把孩子接回家，让孩子回家吃饭，在家里如厕。这样一来，孩子的生活就会更有规律。当然，这些都只是过渡性的措施，只是为了帮助孩子暂时缓解这样的异常行为。如果孩子在学校里玩得太过疲惫，或者下课课间的时候和同学一起

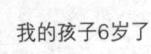

疯玩，根本没有时间上厕所而导致出现这种情况，那么妈妈则要和孩子沟通，让孩子在下课之后先去解决排便的问题，然后再和同学一起玩。

　　孩子出现异常的行为举动，背后都有深层次的心理和精神原因，所以父母先不要过于着急，因为只有对症下药才能更好地解决问题。如果不能做到对症下药，而是盲目地解决问题，那么就会使问题变得更加棘手。

参考文献

[1] 路易斯·埃姆斯，弗兰西斯·伊尔克.你的6岁孩子[M].北京：北京联合出版公司，2018.

[2] 马利琴.6岁入学起，陪孩子做好幼小衔接[M].北京：中华工商联合出版社，2018.

[3] 陈素娟.3岁对了，一辈子就对了[M].北京：北京理工大学出版社，2019.